37

38

39

40

41

42

43

44

45

46

47

48

49

50

Alphabetische Reihenfolge der Bände auf der letzten Seite

memo
Wissen entdecken

Säugetiere

Kletternder Flughund

Bennettkänguru

Hasenskelett

Rotfuchs

Senegalgalago

Rennmaus mit Nestmaterial

memo
Wissen entdecken

Von einer Haselmaus aufgeknabberte Haselnüsse

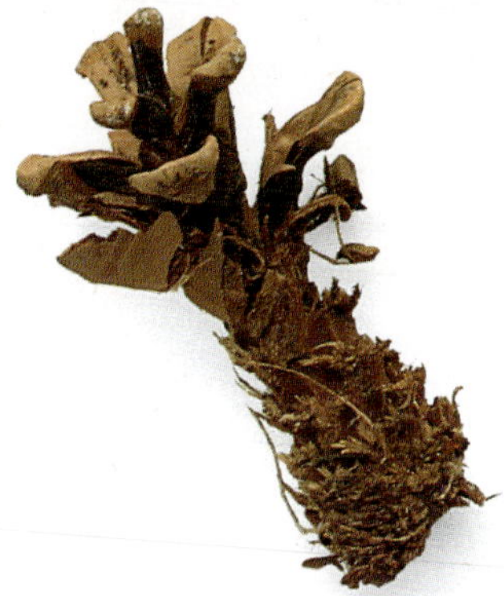

Vom Eichhörnchen abgenagter Kiefernzapfen

Säugetiere

Text von
Steve Parker

Sich entrollender Igel

Klatschender Schimpanse

Fußabdruck eines Igels

Spielende Welpen

Antilopenhorn

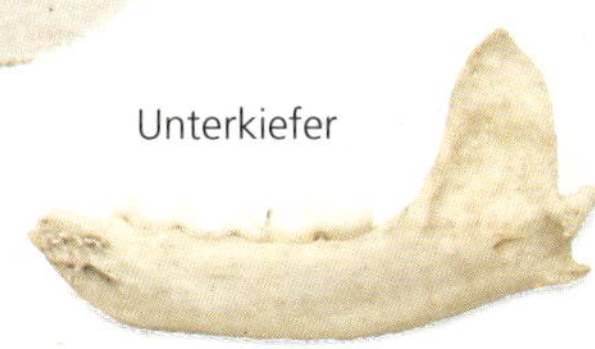

Unterkiefer

Chinchilla beim Nüsseknabbern

DK
DORLING KINDERSLEY

Hauskatze

Sich wälzender Dachs

Junges Wallaby

Schwanzquast eines Löwen

DORLING KINDERSLEY
London, New York, Melbourne, München und Delhi

Cheflektorat Vicky Davenport, Andrew Macintyre
Lektorat Sophie Mitchell, Kitty Blount
Herstellung Jenny Jacoby
Redaktion Karen O'Brien
Bildredaktion Neville Graham, Jane Owen, Jane Thomas, Martin Wilson, Ann Cannings
Bildrecherche Lorna Ainger
DTP-Design Siu Yin Ho
Fotos Jane Burton, Kim Taylor, Dave King, Colin Keates
Umschlaggestaltung Smiljka Surla

Für die deutsche Ausgabe:
Programmleitung Monika Schlitzer
Projektbetreuung Martina Glöde, Janna Heimberg
Herstellungsleitung Dorothee Whittaker
Herstellung Anna Ponton

Bibliografische Information Der Deutschen Bibliothek
Die Deutsche Bibliothek verzeichnet diese Publikation in der Deutschen Nationalbibliografie; detaillierte bibliografische Daten sind im Internet über http://dnb.ddb.de abrufbar.

Titel der englischen Originalausgabe:
Eyewitness Mammal

Übersetzung Margot Wilhelmi, Frauke Bahle (S. 64–71, Poster)
Satz Roman Bold & Black

ISBN 978-3-8310-1902-1

Colour reproduction by Colourscan, Singapore
Printed and bound in China by Toppan

Besuchen Sie uns im Internet
www.dorlingkindersley.de

Ein Kaninchen prüft den Wind.

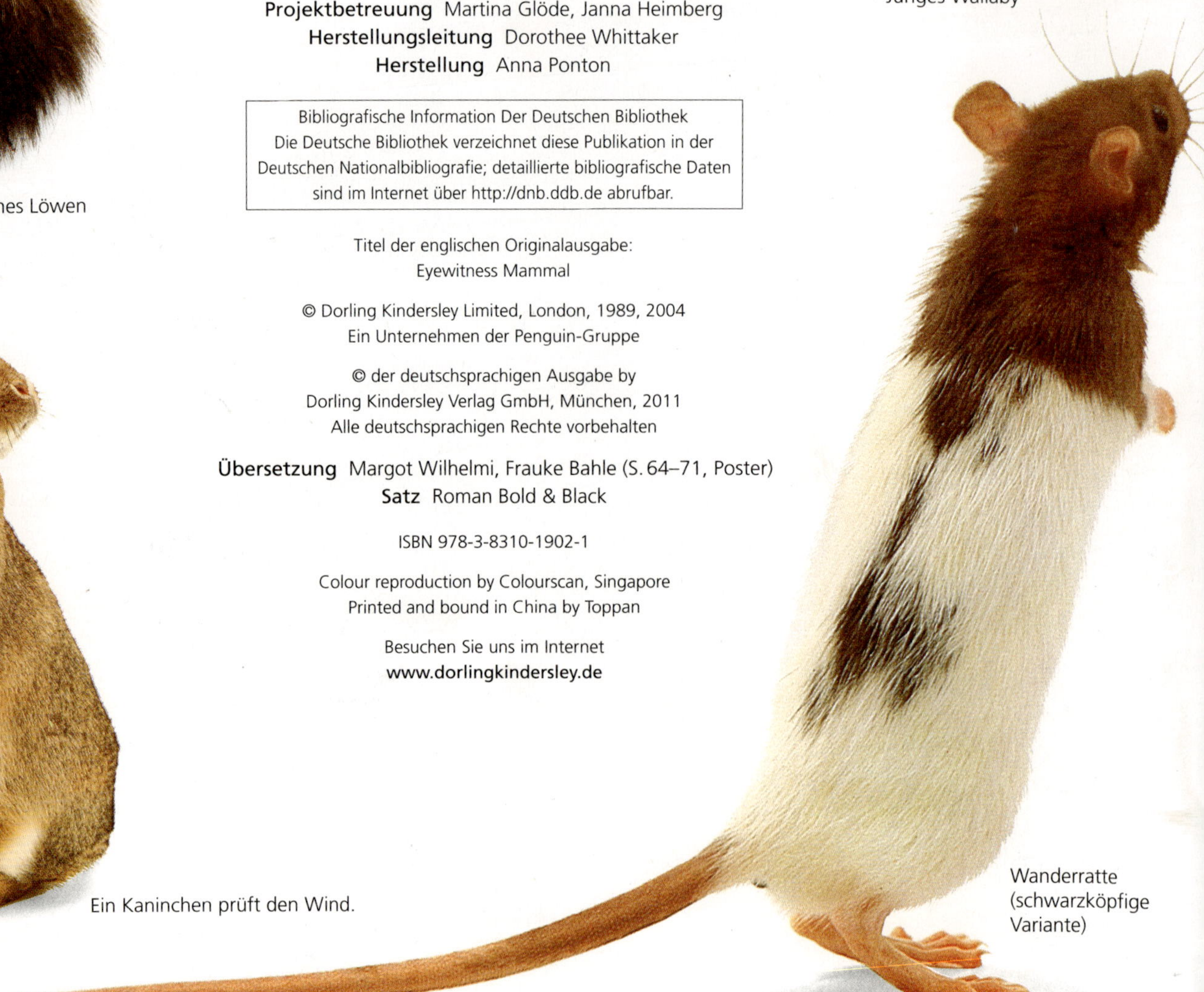

Wanderratte (schwarzköpfige Variante)

Inhalt

Ein Goldhamster trägt sein Junges.

Die Welt der Säuger

Der Mensch ist nur eine von ungefähr 10 Millionen Tierarten auf der Erde. Gegen manche dieser Tiere hegen wir vielleicht eine unerklärliche, unbegründete Abneigung, zum Beispiel gegen Schlangen, Spinnen oder eine schleimige Schnecke. Von anderen dagegen fühlen wir uns unweigerlich angezogen, so zum Beispiel von Buschbabys, kleinen Robben, Delfinen, Katzenkindern oder Koalas – von ihrem weichen Pelz, ihren warmen Körpern und der Fürsorge der Tiermütter. Wir erkennen hier Ähnlichkeiten mit uns selbst. Denn mögen wir auch etwas Besonderes sein oder uns für etwas Besonderes halten, letztlich ist der Mensch nur eine von etwa 4000 Säugetierarten. Was aber ist ein Säugetier? Ein Säuger- kennzeichen sind die Haare. Bei vielen Arten ist der ganze Körper behaart – auch bei uns, wenngleich nicht überall so dicht wie am Kopf. Ein weiteres Merkmal ist die „Warmblütigkeit" oder wissenschaftlich ausgedrückt

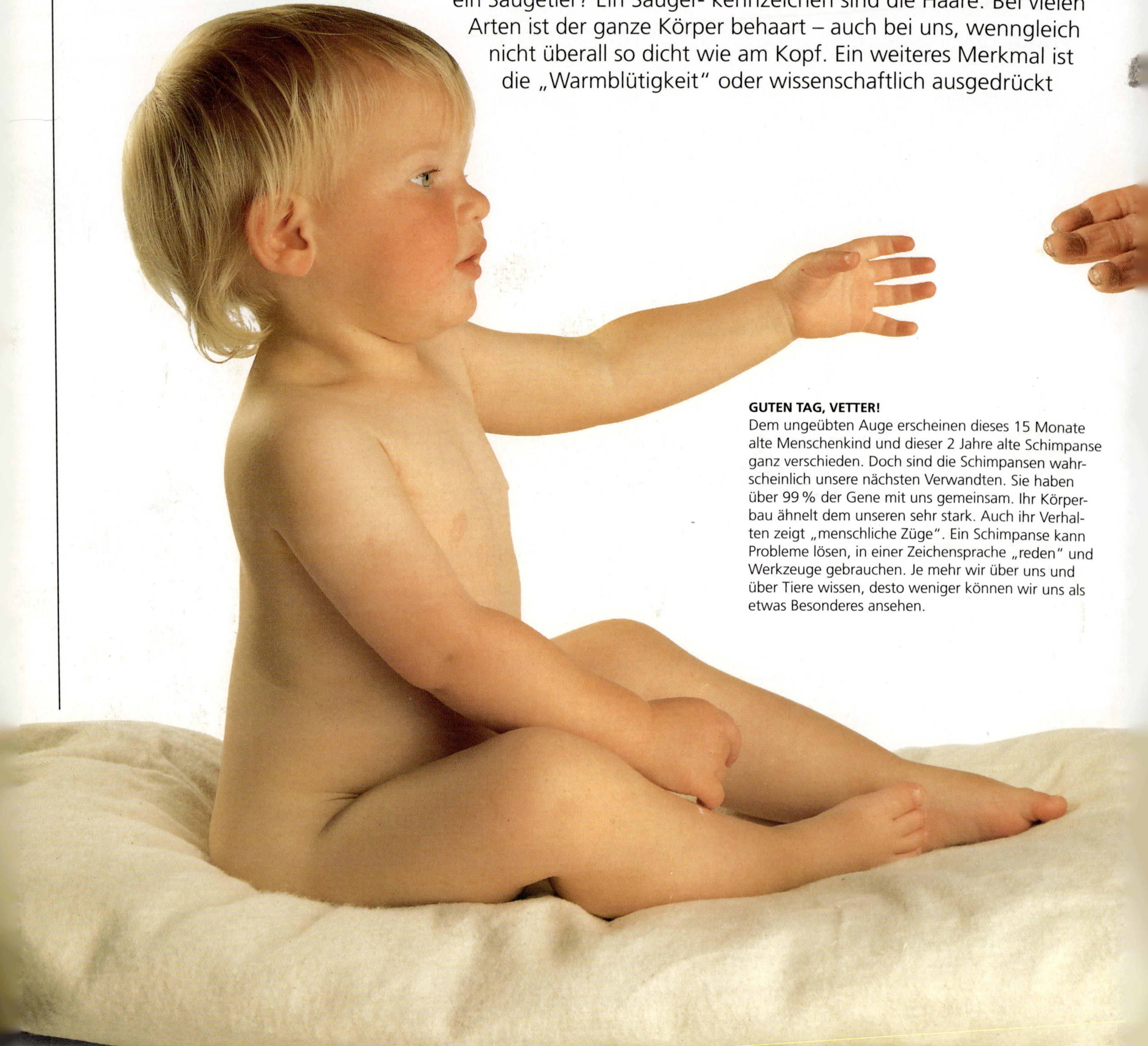

GUTEN TAG, VETTER!
Dem ungeübten Auge erscheinen dieses 15 Monate alte Menschenkind und dieser 2 Jahre alte Schimpanse ganz verschieden. Doch sind die Schimpansen wahrscheinlich unsere nächsten Verwandten. Sie haben über 99 % der Gene mit uns gemeinsam. Ihr Körperbau ähnelt dem unseren sehr stark. Auch ihr Verhalten zeigt „menschliche Züge". Ein Schimpanse kann Probleme lösen, in einer Zeichensprache „reden" und Werkzeuge gebrauchen. Je mehr wir über uns und über Tiere wissen, desto weniger können wir uns als etwas Besonderes ansehen.

„Homöothermie", das bedeutet die Aufrechterhaltung einer gleichmäßigen Körpertemperatur, die in der Regel über den Umwelttemperaturen liegt. Diese Fähigkeit ermöglicht Säugetieren, auch bei niedrigen Temperaturen noch aktiv zu sein. Das dritte wichtige Säugermerkmal deutet der Name schon an: Säugetiermütter säugen ihre Jungen mit Milch, die von spezialisierten Hautdrüsen, den Milchdrüsen, gebildet wird. Dieses Buch soll Einblicke in die Welt der Säugetiere (wissenschaftlicher Name: Mammalia) geben – in Aussehen, Körperbau, Evolution, Fortpflanzung und sonstiges Verhalten. Eine nähere Betrachtung der Säugetiere kann vielleicht die vordergründige Überheblichkeit des Menschen gegenüber der Natur ein wenig abbauen.

SÄUGER UND ANDERE TIERE
Es gibt etwa 4000 Säugetierarten. Da sehr viele Säuger als Haustiere gehalten werden und diese Gruppe auch in Zoos sehr beliebt ist, kennen wir uns mit ihnen besser aus als mit anderen Tiergruppen, obwohl den 4000 Säugerarten etwa 9000 Vogelarten, 20000 Fischarten und etwa 100000 Spinnentierarten einschließlich der Skorpione gegenüberstehen. Noch geringer nimmt sich die Zahl der Säuger gegenüber der größten Tiergruppe, den Insekten aus, die mindestens 1 Mio. Arten aufweisen, vielleicht gibt es aber auch zehnmal so viele.

In der Arche Noah fanden je ein Männchen und ein Weibchen jeder Säugetierart Platz.

Stammbäume

Unsere Begeisterung für Säugetiere hängt nicht von ihrem wissenschaftlichen Namen und ihrer stammesgeschichtlichen Herkunft ab. Doch will man mehr über Körperbau, Verhalten, Evolution oder andere Aspekte ihrer Biologie erfahren, benötigt man ein Schema zur Einordnung: die „Taxonomie". Da sich umgangssprachliche Namen nicht nur von Sprache zu Sprache unterscheiden, sondern auch innerhalb einer Sprache oft uneinheitlich sind, besitzt jedes Lebewesen einen wissenschaftlichen Artnamen, der überall unabhängig von der jeweiligen Landessprache gilt. So lassen si ch Verwechslungen vermeiden. Die Arten wiederum werden zu Gattungen zusammengefasst, die Gattungen in Familien eingeordnet, die Familien in Ordnungen, die Ordnungen in Klassen ... – hier können wir aufhören, denn die Säugetiere gehören alle einer Klasse an, der Klasse der Mammalia. Auf den folgenden Seiten sind die Schädel von Vertretern der 20 wichtigsten Ordnungen und Unterordnungen lebender Säuger abgebildet und charakteristische Untergruppen aufgelistet. Die farbigen Linien verdeutlichen die wahrscheinlichen stammesgeschichtlichen Verwandtschaftsbeziehungen.

NEBENGELENKTIERE (Xenarthra)
Ordnungen: Gepanzerte Nebengelenktiere (Gürteltiere) und Zahnlose (Faultiere, Ameisenbären)
Etwa 30 Arten
Abgebildeter Schädel: Neunbinden-Gürteltier
Siehe auch S. 22, 27, 29, 51

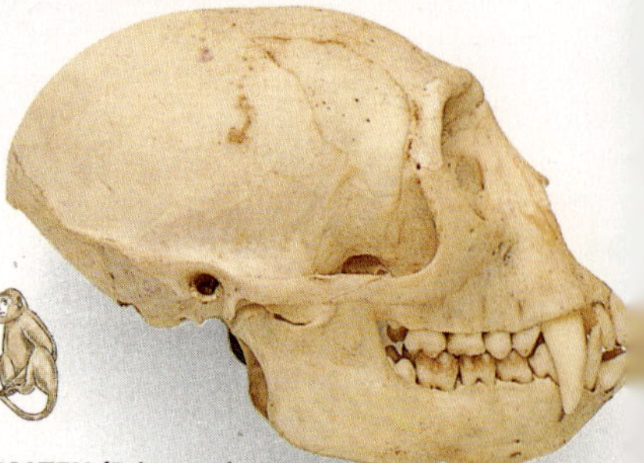

PRIMATEN (Primates)
Halbaffen: Lemuren, Loris, Galagos, Koboldmakis
Affen: Kapuziner, Springtamarins, Krallenaffen, Meerkatzen, Schlankaffen, Gibbons, Menschenaffen, Menschen
Etwa 180 Arten
Abgebildeter Schädel: Meerkatze
Siehe auch S. 2, 3, 6–7, 16–17, 21, 22–23, 29, 37, 38, 44, 49, 58

BEUTELTIERE (Marsupialia)
Familien: Beutelratten, Raubbeutler, Beutelmarder, Ameisenbeutler, Beutelmulle, Nasenbeutler, Opossums, Kletterbeutler, Rüsselbeutler, Koalas, Wombats, Kängurus.
Etwa 270 Arten
Abgebildeter Schädel: Kuskus
Siehe auch S. 3, 4, 10 20, 22, 27, 30–31

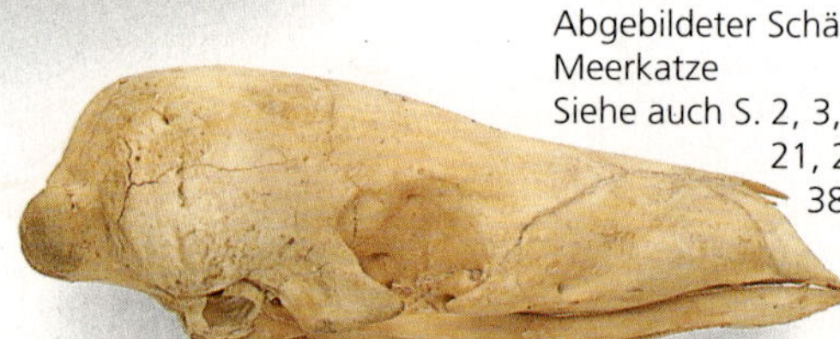

SCHUPPENTIERE (Pholidota)
Etwa 7 Arten
Abgebildeter Schädel: Chinesisches Ohren-Schuppentier
Siehe auch S. 27

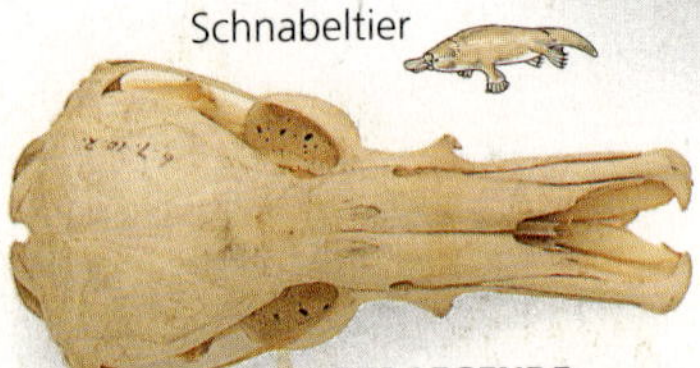

EIER LEGENDE SÄUGETIERE (Monotremata)
Familien: Ameisenigel, Schnabeltiere
„Primitivste" Säuger, da sie wie Reptilien Eier legen und keine lebenden Jungen zur Welt bringen.
3 Arten
Abgebildeter Schädel: Schnabeltier
Siehe auch S.16, 25, 27, 30, 56

INSEKTENFRESSER (Insektivora)
Familien: Schlitzrüssler, Tanreks, Otterspitzmäuse, Goldmulle, Igel, Spitzmäuse, Maulwürfe
Etwa 375 Arten
Abgebildeter Schädel: Großer Haar- oder Rattenigel
Siehe auch S. 3, 24–25, 51, 57, 61

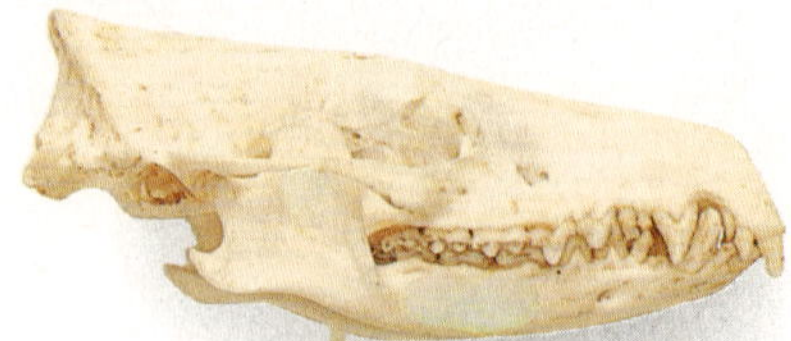

Erdferkel

ERDFERKEL (Tubulidentata)
1 Art
Abgebildeter Schädel: Erdferkel
Siehe auch S. 51

Honigbeutler

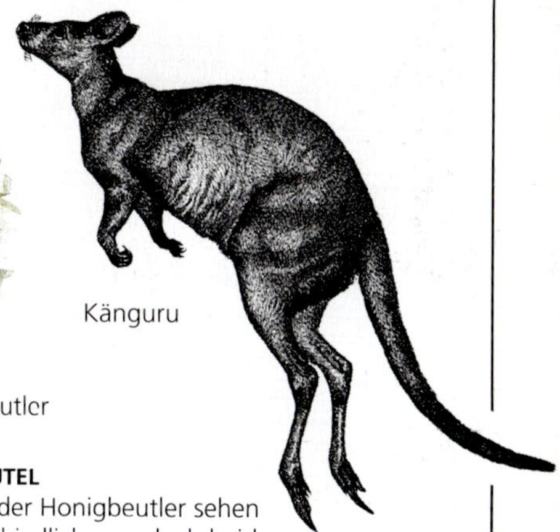

Känguru

KENNZEICHEN: BEUTEL
Das Känguru und der Honigbeutler sehen zwar recht unterschiedlich aus, doch beide sind Beuteltiere, d. h. sie besitzen eine Bauchtasche, in der das Junge nach der (frühen) Geburt gesäugt wird und sich weiterentwickelt.

Mungo (Ichneumon)

LANDRAUBTIERE (Carnivora)
Familien: Marder, Kleinbären, Katzenbären, Großbären, Schleichkatzen, Erdwölfe, Hyänen, Hundeartige, Katzen
Etwa 230 Arten
Abgebildeter Schädel: Eigentlicher Ichneumon
Siehe auch S. 2, 3, 4, 16–17, 21, 28–29, 34–39, 42–43, 46–47, 49, 50, 53, 56, 59, 60, 63

WASSERRAUBTIERE (Pinnipedia)
Hundsrobben, Seelöwen, Walrosse
Etwa 33 Arten
Abgebildeter Schädel: Kegelrobbe
Siehe auch S. 10, 20, 51, 59, 63

Robbe

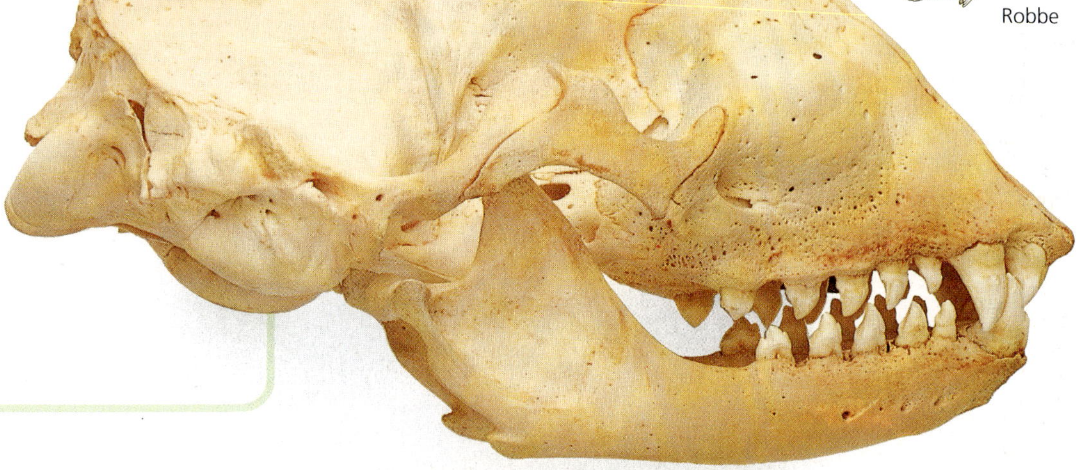

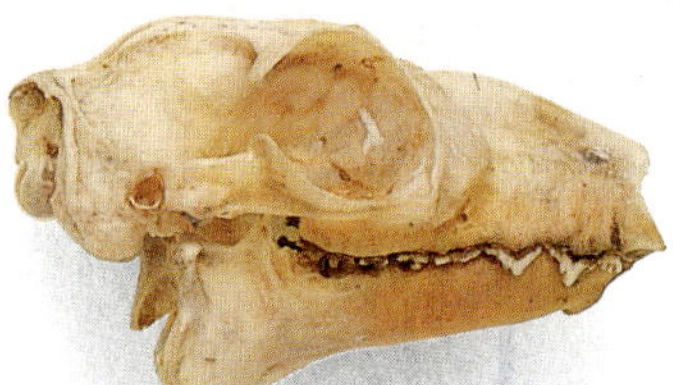

FLEDERTIERE (Chiroptera)
Unterordnungen: Flughunde, Fledermäuse
Etwa 1000 Arten (fast ein Viertel aller Säugetierarten)
Abgebildeter Schädel: Graukopf-Flughund
Siehe auch S. 2, 18–19, 63

Riesengleiter

Flughund

RIESENGLEITER (Dermoptera)
2 Arten
Abgebildeter Schädel: Philippinen-Gleitflieger
Siehe auch S. 19

Ratte

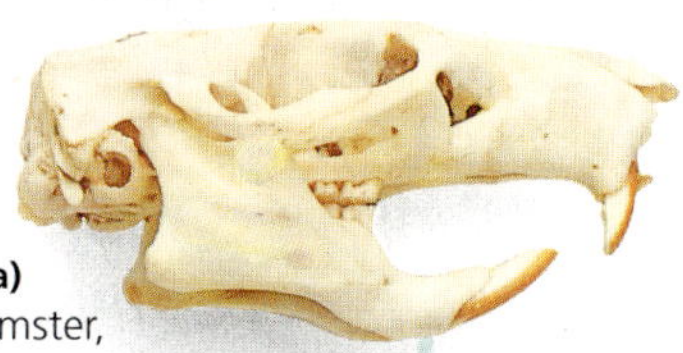

NAGETIERE (Rodentia)
Hörnchen, Biber, Hamster, Ratten, Mäuse, Bilche, Springmäuse, Stachelschweine, Meerschweinchen etc.
Etwa 1700 Arten
Abgebildeter Schädel: Riesenhamsterratte
Siehe auch S. 2, 4, 5, 16, 20, 22–23, 27, 32–33, 44–45, 48–49, 51, 52–53, 54–55, 61, 63

Kaninchen

HASENTIERE (Lagomorpha)
Echte Hasen, Kaninchen, Baumschwanzkaninchen, Pfeifhasen etc.
Etwa 80 Arten
Abgebildeter Schädel: Europäisches Wildkaninchen
Siehe auch S. 2, 4, 60

Fortsetzung auf Seite 10

Fortsetzung von Seite 9

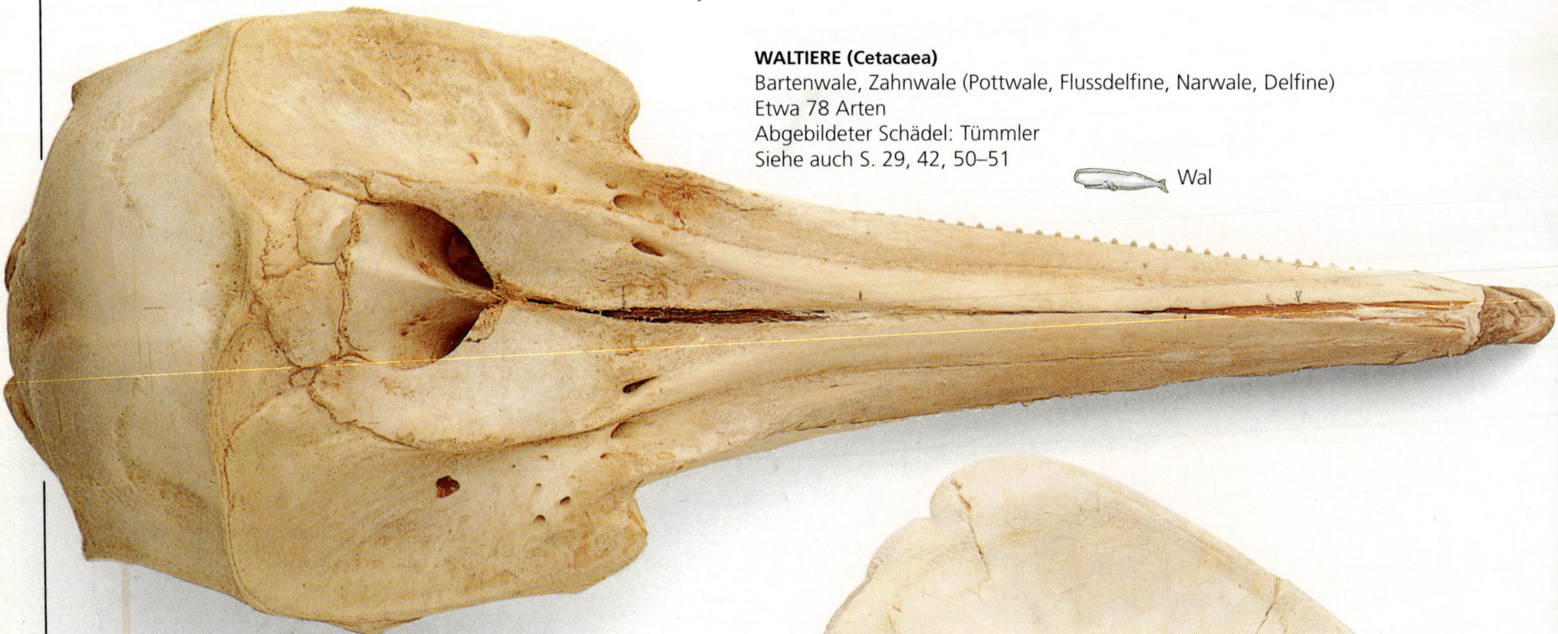

WALTIERE (Cetacaea)
Bartenwale, Zahnwale (Pottwale, Flussdelfine, Narwale, Delfine)
Etwa 78 Arten
Abgebildeter Schädel: Tümmler
Siehe auch S. 29, 42, 50–51

Wal

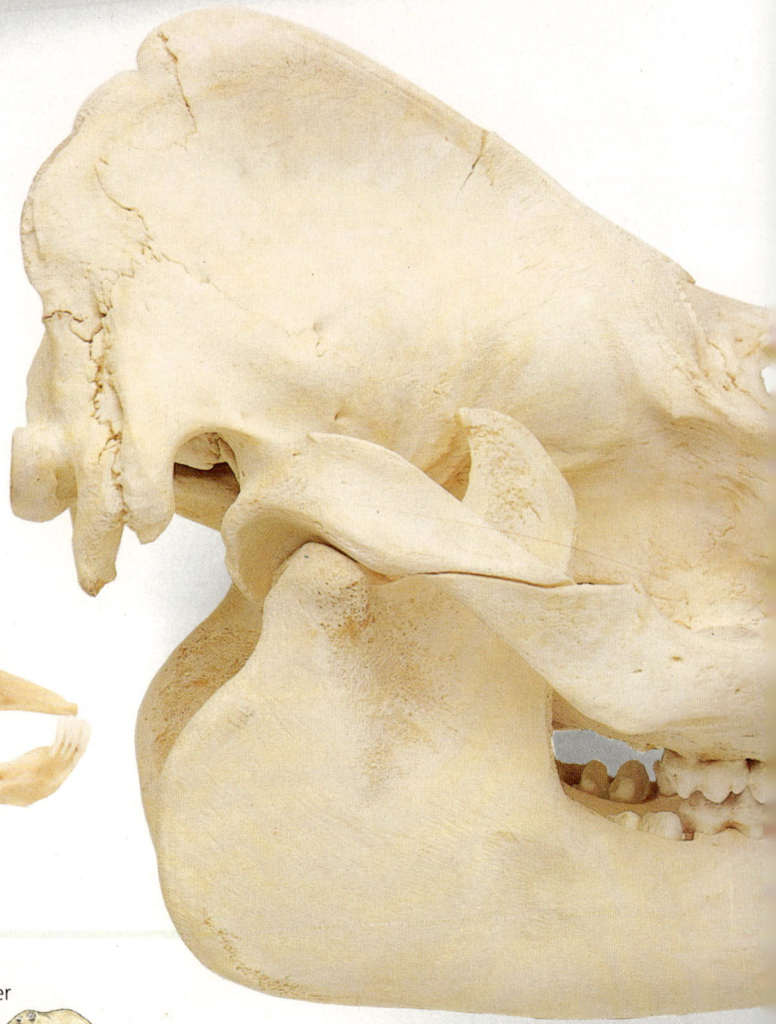

UNPAARHUFER (Perissodactyla)
Pferde, Esel, Zebras, Nashörner, Tapire
17 Arten
Abgebildeter Schädel: Flachlandtapir
Siehe auch S. 23, 27, 28, 36, 44, 46, 50, 58

Tapir

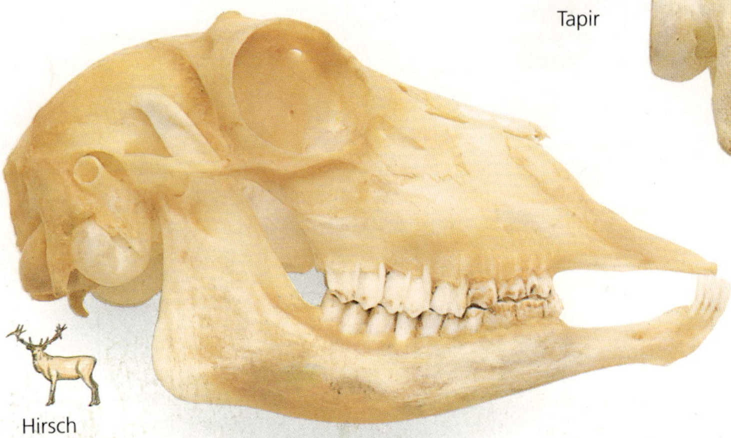

Hirsch

PAARHUFER (Artiodactyla)
Schweine, Pekaris, Flusspferde, Kamele, Hirschferkel, Hirsche, Giraffen, Gazellen, Antilopen, Rinder, Schafe, Ziegen
Etwa 220 Arten
Abgebildeter Schädel: Kropfgazelle
Siehe auch S. 3, 16, 20–21, 27, 28, 35, 48, 58, 63

Schliefer

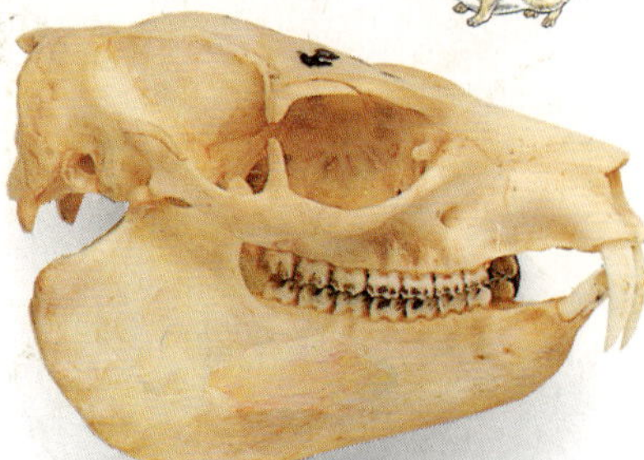

SCHLIEFER (Hyracoidea)
Baumschliefer, Buschschliefer, Klippschliefer
7 Arten
Abgebildeter Schädel: Steppenwald-Baumschliefer
Siehe auch S. 58

Robbe
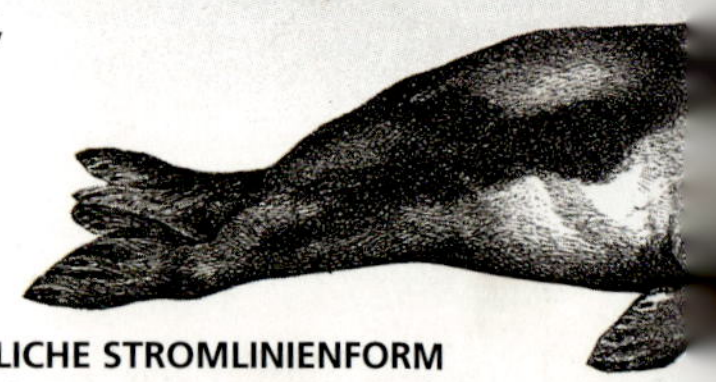

ÄHNLICHE STROMLINIENFORM

Die Körperform ist nicht unbedingt ein Verwandtschaftskennzeichen. Robben und Seekühe sehen sich durch ihre optimale Anpassung an das Wasserleben recht ähnlich, beide haben eine Stromlinienform entwickelt („Konvergente Entwicklung"). Doch anhand vieler anderer Merkmale werden diese Tiere in verschiedene Ordnungen gestellt.

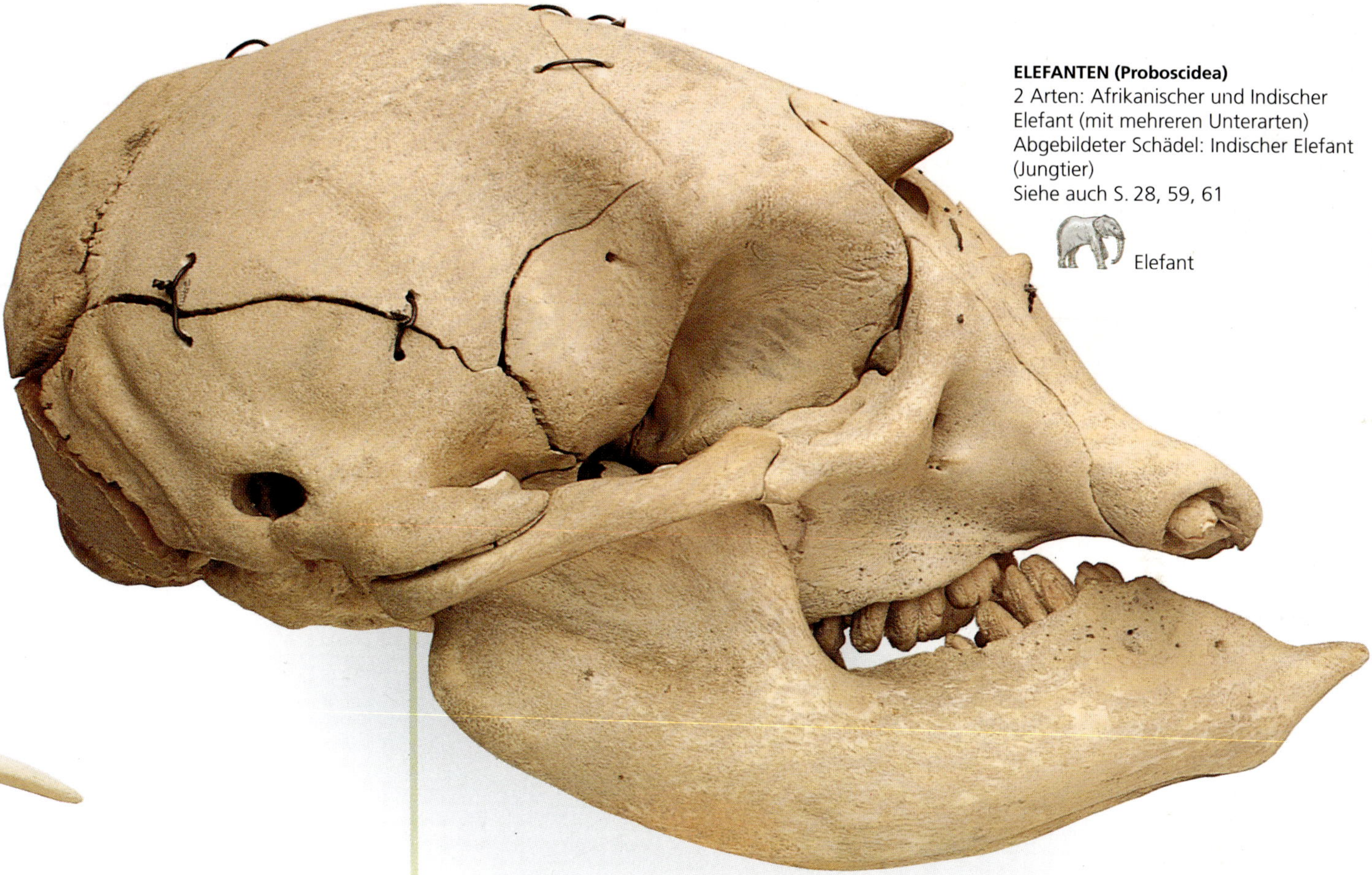

ELEFANTEN (Proboscidea)
2 Arten: Afrikanischer und Indischer Elefant (mit mehreren Unterarten)
Abgebildeter Schädel: Indischer Elefant (Jungtier)
Siehe auch S. 28, 59, 61

Elefant

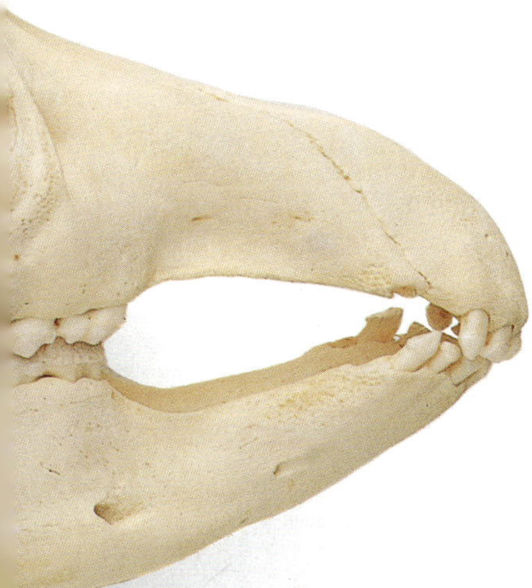

Nicht abgebildet sind die Ordnungen der den Primaten nahe stehenden Spitzhörnchen (Scanlentia, 18 Arten) und der insektenesserähnlichen Rüsselspringer (Macroscelidea, 15 Arten).

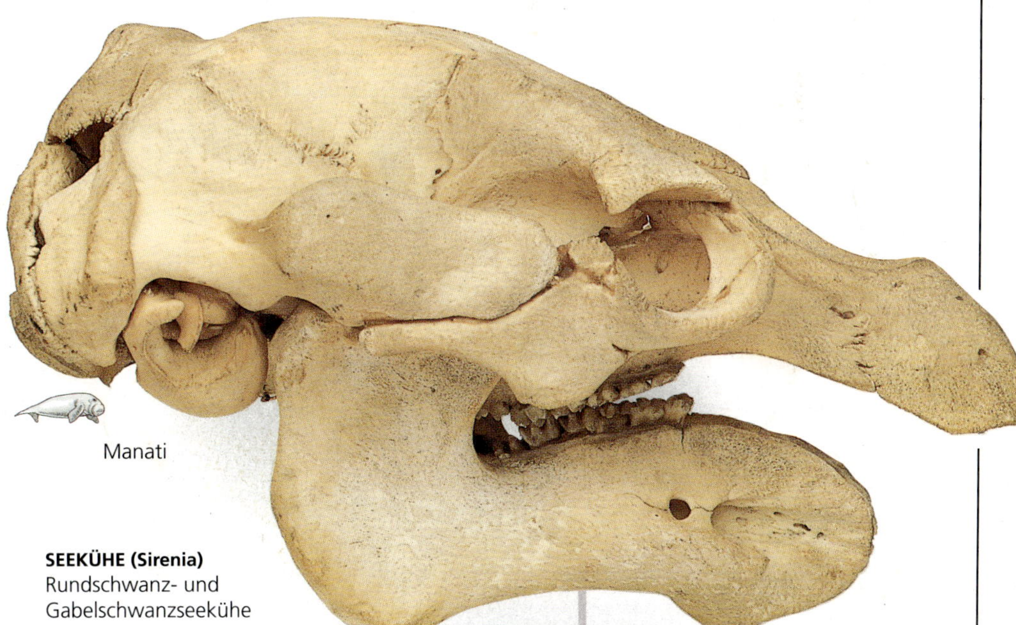

Manati

Seekuh

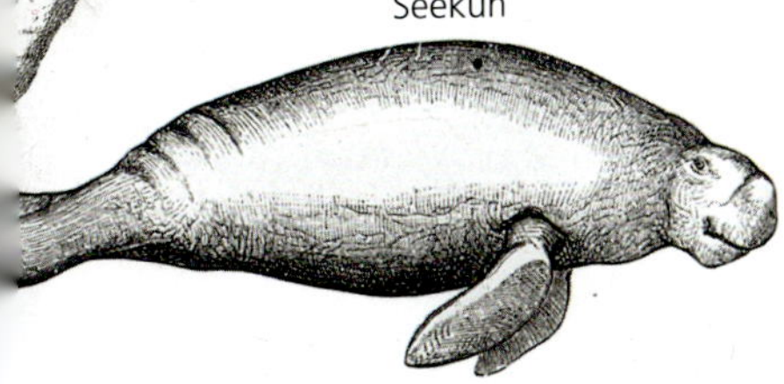

SEEKÜHE (Sirenia)
Rundschwanz- und Gabelschwanzseekühe
4 Arten
Abgebildeter Schädel: Afrikanischer Manati
Siehe auch S. 10, 37

Evolution der Säugetiere

Urzeitliches Nashorn?

Nach heutigem Kenntnisstand lebten vor etwa 200 Millionen Jahren die ersten Säuger auf der Erde. Das „wissen" wir aufgrund von Fossilfunden: Knochen, Zähnen und anderen versteinerten Körperteilen. Da sich die bisher genannten Charakteristika lebender Säuger fossil nicht nachweisen lassen (Warmblütigkeit, Fell, Milch), müssen wir andere Beweise suchen, die durch Knochenfunde belegt werden können. So zieht man die Kieferform (ein Unterkieferknochen, nicht mehrere wie bei den Reptilien) und die Gehörknöchelchen (Hammer, Amboss und Steigbügel) als Klassenmerkmal heran. Die Säugetiere eroberten die Welt nicht gerade im Sturm. Während der ersten 100 Millionen Jahre ihrer Existenz wurde das Land von riesigen Dinosauriern beherrscht, Pterosaurier beherrschten den Luftraum, Ichthyosaurier die Meere. Die ersten echten Säuger waren kleine, spitzhörnchenähnliche nachtaktive Tiere, die sich von Insekten und Dinosauriereiern ernährten. Als die Dinosaurier vor etwa 65 Millionen Jahren ausstarben, nahmen die Säugetiere ihren Platz ein.

Schädel von oben

Unterkiefer

SÄUGETIERVORFAHR?
Die Cynodonten („säugerähnliche Reptilien") der Trias besaßen nicht wie andere Reptilien gleichartige (homodonte), sondern je nach Aufgabe unterschiedlich gestaltete (heterodonte) Zähne. Heterodonte Bezahnung ist ein Säugermerkmal, doch einige moderne Säuger (z. B. Zahnwale) weisen in Anpassung an ihre Ernährung wieder ein homodontes Gebiss auf (S. 51) Abgebildete Art: *Trinaxon liorhinus* (Südafrika).

EINES DER ERSTEN
In Ablagerungen aus dem mittleren Jura wurde in England dieser Kiefer eines Triconodonten gefunden. Diese Tiere gehörten zu den ersten Säugern. Sie waren ratten- bis katzengroße Räuber. Abgebildete Art: *Phascolotherium bucklandi* (Großbritannien).

Im Gestein eingebetteter Unterkiefer

Oberkiefer

Unterkiefer

ERFOLGREICHE LINIE
Nach dem Verschwinden der Dinosaurier entstanden im Paläozän und Eozän immer mehr neue Säugetierarten auf dem „Experimentierfeld" der Evolution. Manche Arten starben aus, so auch diese. Doch die Entwicklungslinie setzte sich bis heute fort: Dieses Tier ist ein Pferdeverwandter aus dem Eozän. Abgebildete Art: *Hyracotherium vulpiceps* (Großbritannien).

DER ERSTE SCHRITT
Riesige farnartige Pflanzen, Fische, Insekten und Reptilien lebten vor etwa 200 Mio. Jahren zusammen mit den ersten Säugern.

Mastodonzahn

KAUZAHN
Dieser 30 Mio. Jahre alte Zahn gehörte einem Mastodon (Ordnung Rüsseltiere, S. 11). Das Tier war etwa 1,2 m lang und sah wie eine Kreuzung zwischen einem Schwein und einem Nashorn aus. Der Name Mastodon bedeutet „Brustzahn“ und bezieht sich auf die Form der Backenzahnkauflächen. Abgebildete Art: *Phiomia serridens* (Ägypten).

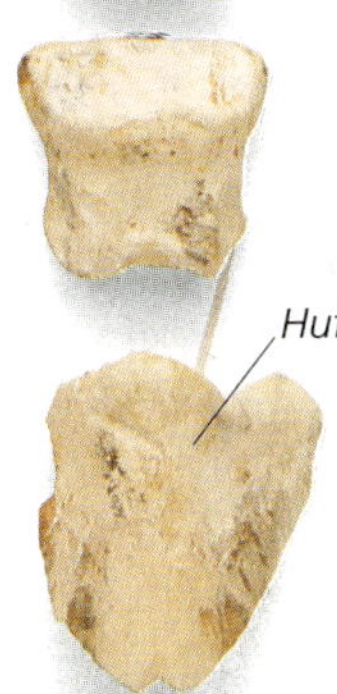

Dritte Zehe (Mittelzehe)

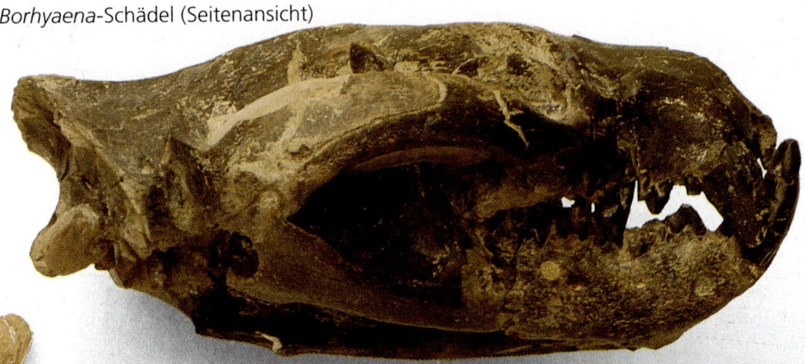

Borhyaena-Schädel (Seitenansicht)

FOSSILER RAUBBEUTLER
In prähistorischer Zeit waren die Beuteltiere viel weiter verbreitet als heute. Sie entwickelten Formen, die ihre Entsprechungen bei den heutigen Säugetieren haben. Dieses Tier, *Borhyaena*, war ein guter Jäger und ein Nahrungskonkurrent der großen flugunfähigen Vögel des Miozäns. Abgebildete Art: *Borhyaena tuberata* (Argentinien).

Eckzahn

SÄBELZAHN
Die Leiste dieses Säbelzahns zeigt, dass es sich nicht um den Zahn eines Säbelzahntigers handelt. *Thylacosmilus* war ein fleischfressendes Beuteltier und lebte im Pliozän. Abgebildete Art: *Thylacosmilus* spec. (Südamerika).

BEUTELTIER-MAHLZÄHNE
Die Zähne zeigen, dass es sich bei *Protemnodon* um ein pflanzenfressendes Beuteltier handelte. Es lebte im Pleistozän. Abgebildete Art: *Protemnodon antaeus* (Australien).

Unterkiefer

MAMMUTMOLAR
Dieser riesige fossile Backenzahn zeigt die Entwicklung der Kauflächen der Rüsseltiere (vgl. *Phiomia*-Zahn). Abgebildete Art: *Mammuthus primigenius* (Großbritannien).

Backenzahn (Seitenansicht)

So etwa sah das *Hipparion* aus: Es war so groß wie ein kleines Pony.

PFERD MIT DREI ZEHEN
Im Lauf der Evolution wurden bei den Pferden (links) nach und nach die Zehen rückgebildet. Dieses Exemplar stammt aus dem Miozän und zeigt den Übergang vom fünfzehigen Urpferdchen zum heutigen einzehigen Pferd (S. 58). Die seitlichen Zehen sind schon ziemlich kurz und nur die dritte (Mittelzehe) wird zum Laufen benutzt. Dieses Tier stellt nicht unbedingt einen unmittelbaren Vorfahren unseres Pferds dar, belegt aber seine Evolution. Abgebildete Art: *Hipparion* spec. (Griechenland).

EVOLUTION DER SÄUGETIERE (Zeit in Millionen Jahren)

PALÄOZOIKUM (Erdaltertum)						**MESOZOIKUM (Erdmittelalter)**		
570	500	435	395	345	280	230	195	141
Kambrium Blütezeit der Trilobiten.	**Ordovicium** Korallen, Armfüßer, Perlboote und Graptolithen sind häufig.	**Silur** Erste Fische mit Kiefern. Seeskorpione.	**Devon** Artentfaltung der Fische. Auftreten der ersten Amphibien.	**Karbon** Erstes Auftreten von Reptilien und geflügelten Insekten. Blütezeit der Amphibien.	**Perm** Arten- und Formenvielfalt der Insekten. Landgang der Reptilien.	**Trias** Auftreten der ersten Säuger. Blütezeit der Reptilien.	**Jura** Erscheinen der ersten Vögel. Blütezeit der Dinosaurier.	**Kreide** Artentfaltung von Säugern und Vögeln. Dinosaurier sterben aus.

Entfaltung der Säuger

Riesenfaultier, über 4 m lang (Pleistozän)

Die Entfaltung der Säugetiere setzte sich im Miozän und Pliozän fort. Sie ähnelten nun schon heutigen Formen. In Asien, Nordamerika und Europa gehörten im Pliozän schon mehr als drei Viertel der Arten heutigen Gruppen an. In Australien und Südamerika, die durch die Kontinentaldrift seit Jahrmillionen isoliert waren, entwickelte sich eine Vielfalt von Beuteltieren (S. 30). Als vor zwei Millionen Jahren eine Verbindung zwischen Süd- und Nordamerika entstand, breiteten sich die modernen Säuger (S. 34) aus dem Norden nach Süden aus und verdrängten die Beuteltiere weitgehend. Australien war weiterhin von den anderen Kontinenten getrennt, sodass seine einzigartige Beuteltierfauna bis heute erhalten blieb.

Unterkiefer eines *Machairodus*

AUFFÄLLIGE ECKZÄHNE
Dieser Unterkiefer stammt von einem Säbelzahntiger aus dem Miozän (die „Säbelzähne" befanden sich im Oberkiefer). Muskelansatzstellen in der Gesichts- und Halsregion deuten darauf hin, dass er mit weit aufgerissenem Maul seine Beute erdolchen konnte. Abgebildete Art: *Machairodus aphanistus* (Griechenland).

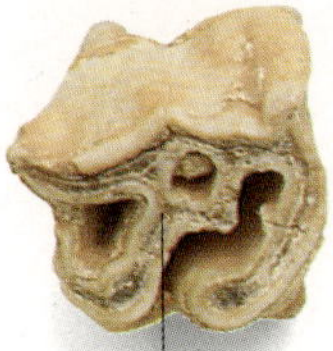

EISZEITLICHES NASHORN
Ein oberer Backenzahn eines Wollnashorns aus dem Pleistozän zeigt Abnutzungserscheinungen an Schmelz und Zahnbein (S. 50). Abgebildete Art: *Coelodonto antiquitatis* (Großbritannien).

Oberkiefer eines *Dorudon*

WALKNOCHEN
Nicht nur auf dem Land, auch im Meer entstanden neue Säugetierarten, während andere ausstarben. Dieser Oberkiefer eines Wals aus dem Eozän besitzt Sägezähne zum Festhalten schlüpfriger Beute. Abgebildete Art: *Dorudon osiris* (Ägypten).

ALTE GIRAFFE
Im Unterschied zu heutigen Giraffen besaß das verwandte eiszeitliche *Sivatherium* kürzere Beine und einen kürzeren Hals, aber längere Hörner. Abgebildete Art: *Sivatherium maurusium* (Tansania).

Rekonstruktion eines *Sivatherium*: Geweih hinter den knöchernen Stirnhörnern

HUFKRALLEN
Das *Chalicotherium*, ein seltsamer, heute ausgestorbener, mit Pferden und Nashörnern verwandter Säuger aus dem Miozän lebte wahrscheinlich von Blättern, die es mit den „Hufkrallen" an seinen langen Vorderbeinen von Bäumen riss. Abgebildete Art: *Chalicotherium rusingense* (Kenia).

Plesiaddax-Schädel, Seitenansicht

HUFTIERSCHÄDEL
Im Miozän entstanden viele Huftiere, besonders solche mit Hörnern. *Plesiaddax* war eine mit dem heutigen Moschusochsen verwandte Antilope. Abgebildete Art: *Plesiaddax depereti* (China).

Geweih des *Sivatherium*

KÄNOZOIKUM (Erdneuzeit) Tertiär					Quartär	
66	55	37,5	24	5	1,7	0,01
Paläozän Entfaltung der Säugetiere, Arten den heutigen Säugern noch unähnlich.	**Eozän** Erste Primaten und Fledermäuse, erste Pferde.	**Oligozän** Erste Mastodons, viele Nashornverwandte.	**Miozän** Affen, viele Pflanzenfresser.	**Pliozän** Die ersten Menschen.	**Pleistozän** Eiszeit mit Kalt- und Warmzeiten: Aussterben vieler Großsäuger, Bildung neuer Arten.	**Holozän** Modere Säugetiere. Der Mensch breitet sich über alle Erdteile aus.

HÖHLENBÄR
Der Höhlenbär war größer als alle heute noch lebenden Bären. Er lebte zur Zeit der ersten Menschen. Aus den Höhlen der Pyrenäen und der Alpen sind viele Knochenfunde bekannt. Abgebildete Art: *Ursus spelaeus* (Deutschland).

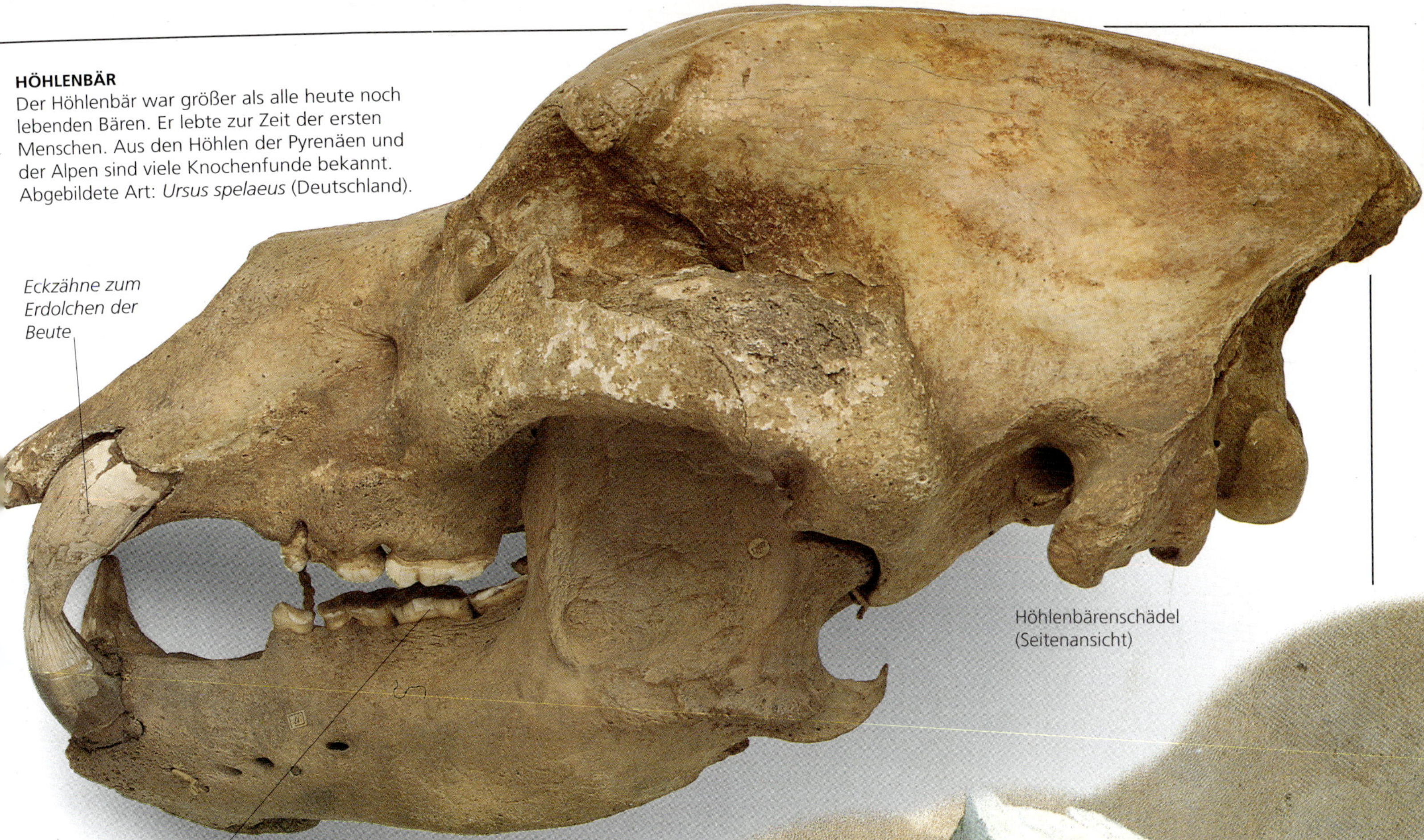

Höhlenbärenschädel (Seitenansicht)

HÖHLENEROBERUNG
Diese fantasievolle Szene zeigt einige der Säuger aus dem Pleistozän, mit denen unsere Vorfahren im selben Lebensraum lebten.

Säugersinne

SCHNURRHAARE
Wie Katzen besitzen Mäuse einen Schnurrbart: überlange Haare im Gesicht, die an Tastsinneszellen entspringen und Bewegungen wahrnehmen können. Solche Tasthaare finden sich bei vielen Tieren auch an den Beinen, den Füßen oder auf dem Rücken.

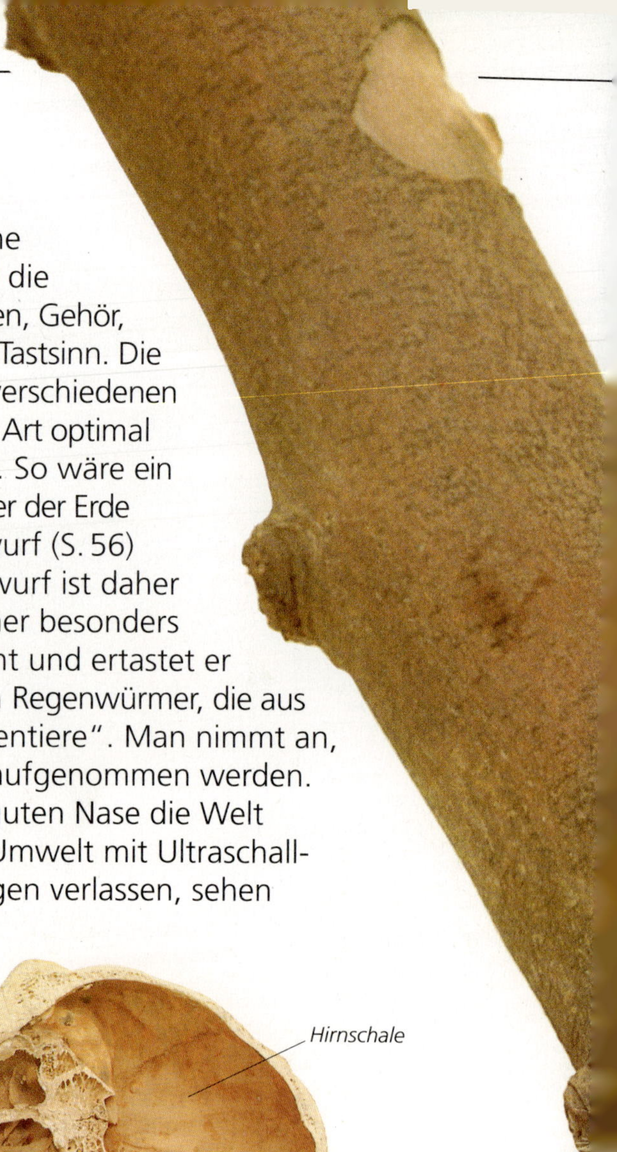

Ein Grund für die erfolgreiche Evolution der Säugetiere sind die hoch entwickelten Sinne: Augen, Gehör, Geruchssinn, Geschmack und Tastsinn. Die einzelnen Sinne sind bei den verschiedenen Arten so ausgeprägt, dass jede Art optimal an ihre Umwelt angepasst ist. So wäre ein gutes Sehvermögen für ein unter der Erde lebendes Tier wie den Maulwurf (S. 56) kaum von Nutzen. Der Maulwurf ist daher auch fast blind, doch mit seiner besonders empfindlichen Schnauze riecht und ertastet er seine Nahrung (hauptsächlich Regenwürmer, die aus den Wänden seines Baus herauskriechen). Wir Menschen sind „Augentiere". Man nimmt an, dass vier Fünftel dessen, was das Gehirn „weiß", über das Auge aufgenommen werden. So können wir nur schwer nachvollziehen, wie ein Tier mit einer guten Nase die Welt über Duft und Gerüche erschließt oder wie eine Fledermaus ihre Umwelt mit Ultraschallechos „hört" (S. 19). Doch obwohl wir uns so sehr auf unsere Augen verlassen, sehen wir gar nicht mal so gut – andere Säugetiere, zum Beispiel einige Hörnchenarten, haben viel schärfere Augen. Andererseits können Primaten, zu denen auch wir Menschen gehören, Farben erkennen. Die meisten anderen Säugetiere sehen die Welt schwarz-weiß.

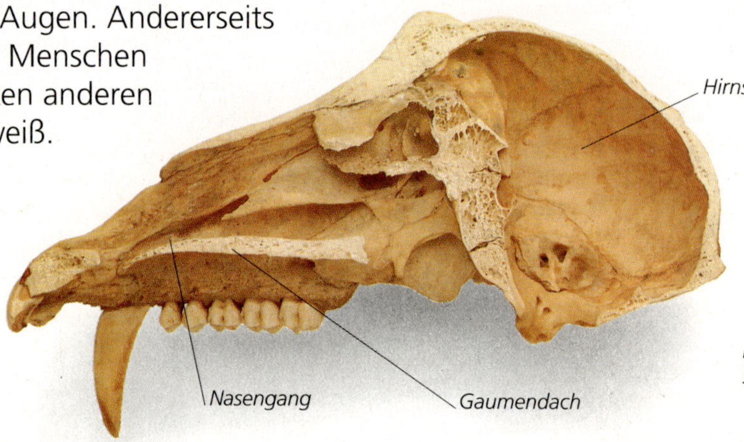

EIN KOPF VOLLER SINNESORGANE
Dieser Längsschnitt durch einen Pavianschädel zeigt die Konzentration der Sinnesorgane am Säugetierkopf. Knochenhöhlen schützen Gehirn, Augen, Geruchssinn und die Zunge mit dem Geschmackssinn. Das Säugerhirn ist im Verhältnis zum Körper recht groß, denn es muss die Fülle der Informationen verarbeiten, die Körper und Sinne ihm liefern.

OHREN SPITZEN
Viele Säugetiere, u. a. auch Hunde, hören sehr gut und richten ihren Kopf nach den Geräuschen aus. Dieses Lauschen erlaubt eine bessere Ortung der Geräuschquelle.

JAGD NACH GEFÜHL
Das Schnabeltier gräbt in Flüssen und Bächen nach Nahrung. Es findet seine Beute – Würmer, Insekten und Krebse – fast nur mit dem Tastsinn. Im Schnabel befinden sich sehr viele Tastsinneszellen.

TRÜFFELSCHWEIN
Ein Schwein mit „geschulter" Nase sucht Trüffeln – unterirdisch wachsende Pilze. Seine Besitzer graben die Trüffeln aus und verkaufen sie als Delikatesse.

ZUNGE
Dieser Löwe prüft seine Nahrung mit dem Geruchs- und dem Geschmackssinn. Die Zunge dient jedoch nicht nur zum Schmecken, sondern auch zum Reinigen des Gesichts (S. 44–47).

BLICK NACH VORN
Buschbabys (Galagos) scheinen nur aus Augen und Ohren zu bestehen. Diese scheuen Nachttiere gehören zu den Primaten (S. 8). Mit ihren riesigen Augen können sie im tiefsten Dunkel des nächtlichen Urwalds Beute ausmachen und auf der Flucht vor Feinden von Ast zu Ast springen. Galagos können mit ihren großen Ohren Fluginsekten hören. Sie halten sich dann mit den Hinterbeinen fest, strecken Arme und Körper und schnappen sich das vorbeifliegende Insekt. Der Name Buschbaby rührt daher, dass die Schreie der Galagos denen menschlicher Säuglinge sehr ähnlich klingen und auch das Aussehen dieser Tiere sehr stark dem Kindchenschema entspricht.

Empfindliche Ohren hören vorbeifliegende Insekten.

Die riesigen, nach vorn gerichteten Augen können im Dunkeln Entfernungen sehr genau abschätzen.

Senegalgalago

Runde Finger- und Zehenspitzen zum Festklammern im Geäst

AUGEN IN DER NACHT
Diese weiße Katze hat ein gelbes und ein blaues Auge. Bei einer Blitzlichtfotografie bei Nacht reflektiert eine glänzende Schicht im Auge (*Tapetum lucidum*) grün. Beim blauen Auge fehlt das *Tapetum*, die Blutgefäße im Auge leuchten rot.

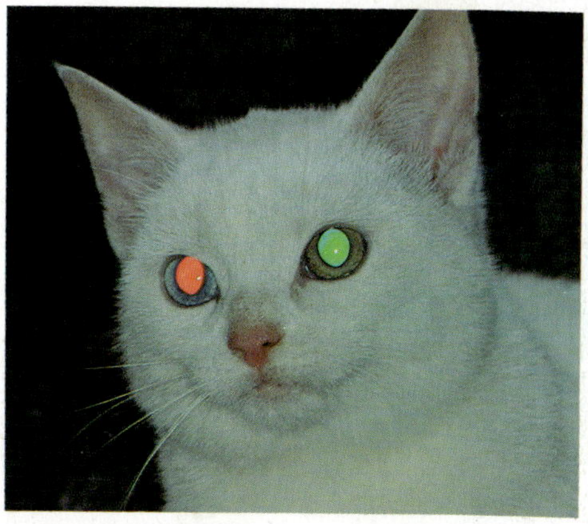

PELZIGER, FLIEGENDER FRUCHTESSER
Dieses Kalongmännchen zeigt sein charakteristisches Gesicht, das dieser Fledertierfamilie den Namen gegeben hat: Flugfüchse oder auch Flughunde. Diese Tiere verlassen sich eher auf ihre guten Augen und Nasen als auf Echoortung. Sie sind dämmerungsaktiv und ernähren sich hauptsächlich von Früchten. In Plantagen richten sie zuweilen großen Schaden an. Doch spielen sie auch bei einigen Pflanzen eine wichtige Rolle als Bestäuber und Samenverbreiter. Nicht alle Arten fressen die ganzen Früchte. Manche lutschen nur den Saft aus und spucken die ausgekauten Fasern auf den Boden. Ist ein Schwarm solcher Flughunde in eine Plantage eingefallen, ist es nicht gerade ein Vergnügen, unter den Bäumen spazieren zu gehen. Die Tiere schmatzen laut, spucken die Reste auf den Boden und lassen auch ihren Kot fallen.

Fliegende Säuger

Pegasus – das sagenhafte fliegende Pferd

Viele Säugetiere können hüpfen und springen, manche schwimmen und tauchen. Fliegen aber können nur die Fledertiere, die nach den Nagern artenreichste Säugerordnung (S. 9). Ihr Größenspektrum reicht von der Langnasenfledermaus mit 14 Zentimeter Flügelspannweite bis zu den Flughunden, die die Größe eines kleinen Hunds und eine Flügelspannweite von 2 Meter besitzen. Der für Säugetiere einzigartige Fledermausflügel besteht aus einer von Haut überzogenen dünnen Muskel- und Bindegewebsschicht, die von den Armknochen und den Knochen des zweiten bis fünften Fingers gestützt wird. Der krallenartige „Daumen" (erster Finger) wird zum Herumkrabbeln, zur Körperpflege, bei manchen Arten auch zum Kämpfen und zum Festhalten der Nahrung benutzt. Die Flugmuskulatur entspricht der Muskulatur, mit der auch wir die Arme auf und ab bewegen, ist aber verhältnismäßig kräftiger. Manche Arten können schneller als 50 km/h fliegen. Fledermäuse gehören zu den geselligsten Säugetieren: Zu Tausenden versammeln sie sich in ihren Schlafhöhlen. Manche Arten gehen in Trupps auf die nächtliche Jagd. Männchen und Weibchen verständigen sich in der Brutsaison durch „Zurufe", neugeborene Fledermäuse, die wie kleine rosa Gummitiere an den Decken der Bruthöhlen hängen, begrüßen die heimkehrende Mutter mit lautem Geschrei.

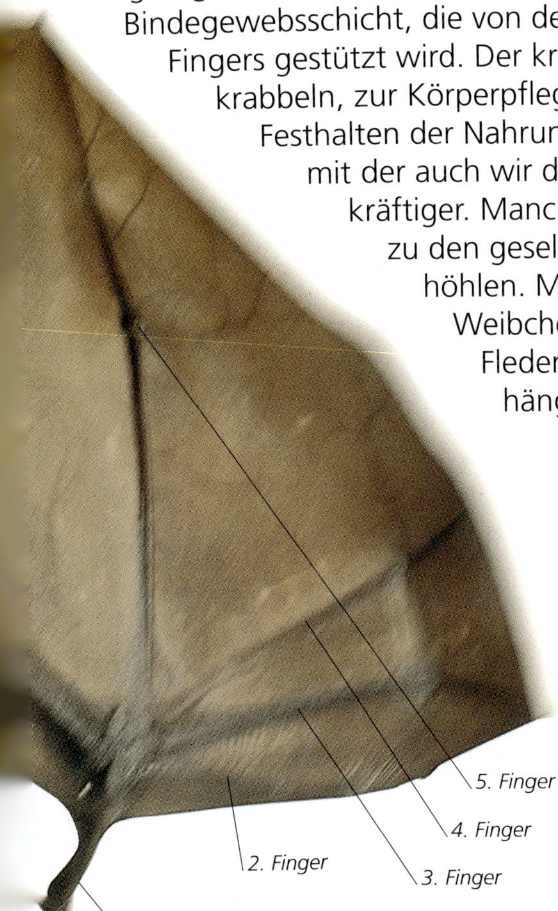

GLEITER
Unter den Säugetieren können nur die Fledertiere aktiv fliegen. Riesengleitflieger, Gleithörnchen und Gleitbeutler (rechts) benutzen die Flughäute zwischen ihren Vorder- und Hinterbeinen nur wie einen Fallschirm.

FLEDERWELPEN
Im Fell der Mutter festgeklammert, werden junge Flughunde wie alle Säugerbabys gesäugt.

INSEKTEN, KNOSPEN ODER BLUT
Die meisten Fledermäuse jagen kleine, nachtaktive Wirbellose wie Nachtfalter, Milben, Fliegen etc. Die abgebildete Art frisst Früchte, Knospen und andere weiche Pflanzenteile. Die Vampire saugen Blut.

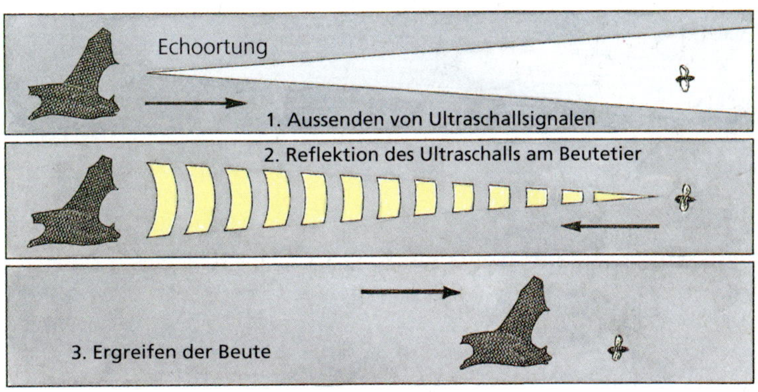

ULTRASCHALLL
Fledermäuse orientieren sich im Dunkeln durch Echoortung. Sie senden ein Ultraschallsignal aus (1). Die Schallwellen werden von Gegenständen reflektiert, das Echo trifft die Ohren der Fledermaus (2). Das Gehirn verrechnet die Echomuster zu einem Klangbild. Die Fledermaus fängt den Schmetterling (3).

VIELFÄLTIGE GESICHTER
Fledermäuse besitzen mit die interessantesten Gesichter unter den Säugetieren.

Hufeisennase

Blattnase

Spitzmaus-Langzüngler

Pelze

Pelze, Schnurrbärte, Wolle und Stacheln bestehen aus den für Säugetiere typischen Haaren, deren Vorteile mit zum Erfolg dieser Klasse beigetragen haben. Eine wichtige Eigenschaft von Haaren ist, dass sie eine Luftschicht am Körper festhalten, die Kälte und Hitze, Wind und Regen abhält und so den Säugerkörper vor Umwelteinflüssen schützt. Haare wachsen aus kleinen Vertiefungen in der Haut, den Haarbälgen. Sie bestehen aus verklebten Zellen, die mit Keratin – einem auch die Haut festigenden Protein – versteift sind. Doch nicht alle Säuger haben Haare. Die Wale zum Beispiel haben sie im Lauf der Evolution wieder verloren.

☞ Alle abgebildeten Felle stammen aus Museen. Für dieses Buch wurde kein Tier getötet! ☜

Pelzrobbenfell

Gefleckte Fellzeichnung

Schnitt durch die Walhaut

Oberhaut

Unterhaut

Speckschicht

Bindegewebe

Stützgewebe

Muskulatur

WASSERDICHT
In der Robbenhaut liegen viele Fettdrüsen, die das Fell ölig und dadurch wasserabweisend machen (unter dem Fell befindet sich eine Speckschicht wie bei den Walen). Die Inuit (unten) jagen Robben zum Nahrungserwerb. Ihre Felle verarbeiten sie zu Schuhen und Kleidung.

LEBERTRAN UND TRANFUNZEL
Wale besitzen kein Fell, das im kalten Meerwasser wärmt. Diese Aufgabe erfüllt eine dicke Speckschicht, die auch die Stromlinienform der Wale bedingt. Bei manchen Walen ist sie 50 cm dick. Das aus ihr gewonnene Walöl diente früher als Brennstoff für Öllampen und als Rohstoff für Arzneimittel (z.B. Lebertran), Seifen, Kosmetikartikel, Margarine und Farben, Linoleum und Kunstharze.

WOLLE
Schon seit Jahrtausenden züchtet man Schafe wegen ihrer Wolle. Schafwolle isoliert gut, bleibt auch im feuchten Zustand elastisch und lässt sich gut färben. Über die Hälfte der Weltwollproduktion entfällt auf die Südhalbkugel, drei Viertel des Verbrauchs auf die Nordhalbkugel.

Gesponnene, gefärbte Wolle zum Weben oder Stricken

Das Lanolin („Wollfett") frisch geschorener Wolle wird für Kosmetika verwendet.

Inuit (Eskimo) mit Seehundfellkapuze

SCHNEEPELZ
Die rein weiße Weißfuchsvariante des Eisfuchses ist in der Winterlandschaft gut getarnt. Eine andere Farbvariante, der Blaufuchs, ist im Winter grau bis braun.

DECKHAARE
Das nordamerikanische Opossum hat ein glattes Fell, anders als australische Kletterbeutler (rechts). Die langen, hellen Deckhaare ragen deutlich aus dem dichten Flaumhaar.

KLETTERBEUTLER
Manche australischen Kletterbeutler ähneln amerikanischen Opossums, doch sie haben ein filziges, wolliges Fell. Das katzengroße Fuchskusu hat einen braunen bis silbergrauen Pelz.

Opossumpelz

Flaumhaare

Deckhaare

Kusupelz

Filzige Haare

Weißfuchs – Farbvariante des Eisfuchses

Persianer

Kurzes, strukturiertes Fell

Biberpelz

Lange Deckhaare

Affenpelz

Lange, dicke Haare

KURZ UND DICHT
Die hübschen samtartigen Felle junger Breitschwanzschafe sind als „Persianer“ bekannt. Seit etwa 12 000 Jahren sind Schafe Haustiere. Heute gibt es etwa 350 Rassen, die als Fleisch- und Wolllieferanten gezüchtet werden.

AFFENPELZ
Manche Stummelaffen wurden wegen ihres langhaarigen, seidigen Fells fast ausgerottet. Der Schwarze Guereza besitzt am ganzen Körper ein glänzendes schwarzes Fell. Leider kaufen unwissende Touristen noch immer Souvenirs aus Stummelaffenfell.

PELZTIER
Wie viele Säugetiere besitzt auch der Biber zwei verschiedene Pelzhaartypen: dichte, braune Flaumhaare als Unterpelz und längere, dickere, grannenartige Deckhaare, die nicht so dicht stehen. Die Deckhaare dienen dem Schutz und der Tarnung, die Flaumhaare isolieren und sind Wasser abweisend. Die Jagd auf nordamerikanische Biber war wegen der teuren Pelze so lohnend, dass Kriege um die Jagdgründe geführt wurden und der Pelzhandel im 18. und 19. Jh. wesentlich zur Erschließung Nordamerikas beitrug.

WASSERRATTE
Selbst unter Wasser wird die Schermaus nicht „nass“, denn die langen Deckhaare halten den Unterpelz trocken.

MENSCHENPELZ
Die Körperbehaarung des Menschen ist meist unscheinbar. Beim dichten Haupthaar aber spielten aufwendige Frisuren von jeher eine große Rolle und mangelnde Lockenpracht wurde und wird sogar durch Perücken ausgeglichen. Bei diesem englischen Richter gehört die Perücke zur Amtstracht.

Menschliche Haarlocke

WARNSTREIFEN
Die Streifen des Stinktiers sind ein Warnsignal. Naht ein Feind, droht das Tier: Es stellt den Schwanz auf und trampelt auf der Stelle. Wird die Warnung missachtet, wendet das Tier dem Angreifer die Kehrseite zu und besprüht ihn mit übel riechender Flüssigkeit aus den beiden Analdrüsen.

SCHÖNER BAUCH
Bei den meisten gefleckten Katzen ist der Bauchpelz gefleckt, beim Luchs häufig auch der Rücken.

Charakteristische schwarz-weiße Streifen

Stinktierfell

Luchsfell

Gefleckter Bauchpelz

Tarnung

Wenn Fellfarbe und Umgebung übereinstimmen und die Tiere reglos verharren, sind sie oft nicht zu entdecken. Für kleine pflanzenfressende Säuger ist dies meist der einzige Schutz vor überlegenen Feinden. Aber auch Räuber sind gut getarnt. Unbemerkt von ihrer Beute lauern sie oder schleichen sich an. Je nach Menge der von den Pigmentzellen für das wachsende Haar gebildeten Farbstoffe erhalten die Haare verschiedene Färbungen. Zusammen mit unterschiedlichen Haarlängen ergeben sich die verschiedenartigsten Fellfarben und Zeichnungen (S. 20) als perfekte Anpassungen an den jeweiligen Lebensraum.

EINGEBAUTE TARNUNG
In den langen Deckhaaren des langsamen südamerikanischen Zweifinger-Faultiers (Unau) wachsen mikroskopisch kleine Pflanzen, kleine blaugrüne Algen. Das Fell erscheint daher grünlich. Ein ruhig im Baum hängendes Unau fällt daher im Laubwerk des dämmrigen Urwalds nicht auf.

STEIN MIT SCHNURRBART
Kleine Nager wie Mäuse und Wühlmäuse leben besonders gefährlich. Sie sind darauf angewiesen, Gefahren früh zu erkennen und dann schnell im Mauseloch zu verschwinden. Weit ab vom Bau aber bleibt ihnen nur die Tarnung. Das Fell dieser Stachelmaus verschmilzt mit dem trockenen Sand, den hellen Steinen und dem dürren Holz seiner Heimat, der afrikanischen Halbwüste.

BLATT MIT SCHWANZ
Die Feldmaus, eine Wühlmausart, kommt fast überall vor: auf Wiesen, in Wäldern, sogar an Uferböschungen. Sie hält sich viel am Boden auf, der meist mit dunklem Laub und modernden Pflanzenteilen bedeckt ist. Da Feldmäuse fast rund um die Uhr aktiv sind, ist gute Tarnung für sie besonders wichtig. Eine Feldmaus, die den Flügelschlag eines Greifvogels hört, verharrt völlig reglos. Im morgendlichen oder abendlichen Dämmerlicht oder im Schatten von Bäumen ist sie dann von oben kaum zu erkennen – wie dieses Foto aus der Eulenperspektive zeigt.

TARNUNG BEIM MENSCHEN
Soldaten müssen sich ebenso wie ihre Fahrzeuge und Waffen tarnen. Die übliche Tarnkleidung ist in olivgrünen und braunen „Naturtönen" gehalten und zur Auflösung der Umrisse im Wald oder Gebüsch gefleckt und gesprenkelt. Schneeanzüge für den Winter sind warm und weiß wie der Eisfuchswinterpelz (S. 20).

AUFLÖSUNG DER UMRISSE
Der Schabrackentapir hat einen weißen Bauch und Rücken, ist aber sonst schwarz – ein gutes Beispiel für eine die Umrisse verschleiernde Färbung. In der Dunkelheit des nächtlichen Urwalds ist der Schabrackentapir von Feinden kaum als solcher zu erkennen. Die „Frischlingszeichnung" des jungen Tapirs hat die gleiche Funktion.

Stachelkleid

Bis zu 500 steife, spitze Stacheln, die in alle Richtungen abstehen, stellen für den Igel einen hervorragenden Schutz vor Feinden dar. Igel kommen in ganz Europa vor. Man trifft sie häufig in Gärten, Heckenlandschaften, Parks und Wäldern an. Im Lauf der Igelevolution entstanden aus Rückenhaaren spitze Stacheln von etwa 2–3 Zentimeter Länge. Das Verhalten des Igels hat sich parallel zum Stachelkleid entwickelt. Bei Gefahr rollt er sich ein und ist nun vor natürlichen Feinden geschützt, aber nicht vor Autos auf der Straße.

Ist die Gefahr vorbei, kommen Kopf und Vorderbeine zum Vorschein.

3 DIE LUFT IST REIN
Der Igel beschließt, dass die Gefahr vorbei ist und er sich schnell davonmachen sollte. Der Kopf kommt zuerst unter dem Stachelkleid hervor, sodass das Tier nun alles riechen, hören und sehen kann. Dann kommen die überraschend langen Beine, die unter dem Stachelkleid kaum auffallen, zum Vorschein. Der Igel kann damit schnell laufen, graben, über niedrige Mauern und Wälle klettern und sogar schwimmen.

Vorsichtig beginnt der Igel sich zu entrollen.

2 VORSICHTIG NACHSEHEN
Die Stacheln verderben jedem Angreifer den Appetit, dienen aber auch als federndes Kissen, sollte der Igel einen Hang hinunter oder gegen einen Baum gestoßen werden. Eine Weile verharrt der Igel bewegungslos. Dann entspannt er sich etwas und riskiert einen Blick. Er sieht schlecht, hat aber einen ausgezeichneten Geruchssinn und nimmt die geringsten Bodenerschütterungen über die Stacheln wahr.

Ein vollständig eingerollter Igel ist rundum geschützt.

1 RUNDUM GESCHÜTZT
Bei Gefahr zieht der Igel blitzschnell Kopf, Beine und Schwanz ein und krümmt den Rücken. Eine Muskelkappe unter der Stachelhaut umschließt fast den ganzen Igel. Ein Muskelring am unteren Rand dieser Kappe wirkt wie eine Zugschnur, die den Stachelmantel unten zusammenzieht. Dabei werden die Stacheln automatisch aufgerichtet. Ergebnis ist eine stachelige Kugel, die einem Feind keine Angriffspunkte bietet.

TODFEIND
Der Fuchs jagt kleine Säuger, auch Igel. Einen eingerollten Igel stößt er an, um ihn zum Aufrollen zu bewegen. Rollt sich der Igel wirklich auf, um zu fliehen, greift der Fuchs mit seinen Krallen sofort nach dem unbestachelten Bauch.

Füße kaum erkennbar

Kopf bleibt verborgen.

„SELBSTBESPUCKEN"
Eine sehr eigenartige Verhaltensweise von Igeln ist das Selbstbespucken. Der Igel kaut etwas ungewöhnlich Riechendes, z. B. eine verwesende Kröte (links), Seife etc. und spuckt den schaumigen Speichel ins Stachelkleid. Vielleicht dient das der Feindabwehr.

KINDERSCHUTZ
Bei der Geburt sind die gummiartigen Stacheln eines Igelbabys in der Haut verborgen, richten sich aber bald auf. Ein Igel kann sich erst nach 11 Tagen einrollen. Vorher kann er nur seinen Kopf aufrichten und Feinde in die Nase stechen.

4 SCHWUPP, AUF DIE BEINE
Würde sich ein Igel auf dem Rücken liegend weiter aufrollen, gäbe er seine empfindliche Unterseite möglichen Feinden preis. Um dem vorzubeugen, dreht er sich blitzschnell herum. Dabei behält er Kopf und Beine weiterhin geschützt unter dem Bauch.

Der Kopf erscheint zum Erkunden der Umwelt.

5 STARTVORBEREITUNGEN
Ist für den Igel keine neue Gefahr erkennbar, rollt er sich weiter auf. Der Kopf erscheint, man kann nun Vorder- und Hinterende des Tiers unterscheiden. Schnüffelnd, mit zitternden Schnurrhaaren, hält er nach einem geeigneten Versteck Ausschau.

6 SCHNELL WEG
Die Verteidigung geht in Flucht über, der Igel bringt sich in Sicherheit. Igel können mit lang ausgestreckten Beinen erstaunlich schnell rennen, etwa so schnell wie ein Mensch zügig geht. Auf der Suche nach Schnecken, Würmern, Insekten und Fallobst aber schlurft der Igel flach auf den Boden gedrückt durch Laub und Vegetation.

IGELVERWANDTER?
Der Schnabeligel aus Australien und Neuguinea hat zwar ein ähnliches Stachelkleid, ist aber nicht näher mit dem Igel verwandt. Igel bringen lebende Junge zur Welt, der Schnabeligel dagegen legt Eier. Schutzstacheln entstanden im Lauf der Evolution mehrfach unabhängig.

Der Igel läuft schnell an einen sicheren Ort.

Angriff und Verteidigung

Für den innerartlichen Kampf um Nahrung, Reviere oder Geschlechtspartner besitzen Säuger Strategien, die das Verletzungsrisiko der Kontrahenten verringern. Drohgebärden, imponierendes Zurschaustellen von gefährlich aussehenden Hörnern und Geweihen, Zähnefletschen, Vergrößerung der Umrisse durch Haaresträuben sowie laute Geräusche spielen hierbei eine Rolle. Beschädigungskämpfe sind für alle Beteiligten riskant. Ein mit einer Verletzung erkaufter Sieg im Kampf um ein Weibchen kann beim nächsten Raubtierangriff das Leben kosten.

Schädel eines Muntjakmännchens

GEWEIH UND HAUER
Die Männchen der Muntjaks oder „Bellhirsche" besitzen kurze, spitze Geweihstangen und im Oberkiefer zwei hauerartige Eckzähne. Beim Kampf um Revier und Weibchen benutzen die Muntjaks mehr ihre Eckzähne als das kleine Geweih als Waffe. Werden sie von einem Räuber angegriffen, versuchen sie zu fliehen. Gelingt die Flucht nicht, stoßen sie mit dem Geweih und treten nach dem Angreifer.

Rothirschgeweih

Kämpfende Rothirsche

KRACHENDE GEWEIHE
Die eindrucksvollen knöchernen Geweihe der Rothirsche dienen in der herbstlichen Brunftzeit als Waffen im Kampf mit Nebenbuhlern. Zwei Rivalen röhren und bellen sich an und gehen dann mit gesenkten Köpfen aufeinander los. Durch Stoßen, Drücken und Ziehen mit den Geweihen versuchen sie den Gegner vom Platz zu drängen. Der Sieger, der Platzhirsch, wird Herr über einen ganzen „Harem" von Weibchen. Das Geweih wird im Frühjahr abgeworfen und im Sommer neu geschoben.

Horn der Hirschziegenantilope

SCHRAUBENHORN
Die Hörner der Gazellen (hier die einer indischen Hirschziegenantilope oder Sasin) werden nicht jährlich abgeworfen wie ein Hirschgeweih. Während junge Männchen noch spielerisch mit den Hörnern fechten, kämpfen sie später damit um Weibchen und Reviere. Nur die Stärksten können sich fortpflanzen.

Drohendes Gähnen

Flusspferdzahn

BEDROHLICHES GÄHNEN
Reißt ein Flusspferd sein Maul auf, sieht man die furchterregenden Zähne. „Angähnen" ist bei Flusspferdbullen ein Imponiergehabe im Kampf um ein Revier – ein Stück Fluss- oder Seeufer. Im Kampf können sich die Gegner tiefe Wunden beibringen, doch die Flusspferdhaut heilt schnell wieder.

Der Löwe und das Einhorn verteidigen ein Wappen.

SCHUTZPANZER
Das Gürteltier besitzt einen Panzer aus Knochenplatten, die mit Horn überzogen sind. Selbst der Schwanz ist mit Hautverknöcherungen bedeckt (S. 29). Nur einige der etwa 20 Gürteltierarten können sich einrollen („Kugelgürteltiere"), die anderen graben sich ein, um die ungepanzerte Bauchseite zu schützen.

Neunbinden-Gürteltier

Ganz gepanzert

UNZUGÄNGLICH
Das Dreibinden-Kugelgürteltier (links) kann sich ganz einrollen, der Gürtelmull (unten) dagegen gräbt sich ein Loch zum Verstecken. Sein gepanzertes Hinterteil verschließt das Loch wie ein Kork die Flasche.

Dreibinden-Gürteltier

Gürtelmull

TOTSTELLEN
Im Amerikanischen gibt es für „sich totstellen" den Ausdruck „Opossum spielen", denn Opossums stellen sich tot, wenn sie von einem Raubtier verfolgt werden. Einige Räuber, die sich nicht auch von Aas ernähren, verlieren dann das Interesse an dem scheinbar toten Tier.

Längsschnitt durch das Horn eines Spitzmaulnashorns

Horn aus verklebten Keratinfasern

DACHZIEGEL
Der schützende Schuppenpanzer des Schuppentiers besteht aus dachziegelartig übereinander greifenden Hornschuppen und lässt das Tier wie einen wandelnden Tannenzapfen erscheinen. Auch Schuppentiere können sich einrollen und sind dann rundum geschützt. Im alten China kopierten Krieger diesen Panzer.

Schuppen des Riesenschuppentiers

Das Schuppentier – ein untypisches Säugetier

Stacheln des Gewöhnlichen Stachelschweins

GESTREIFTE SPIESSE
Stachelschweine können rückwärts in einen Angreifer hineinlaufen. Die mit Widerhaken versehenen Stacheln bleiben dann in dessen Haut stecken.

KEIN SCHUTZ GEGEN GEWEHRE
Unter den fünf Nashornarten befinden sich die nach den Elefanten zweitgrößten Landsäuger. Das Horn auf der Nase besteht aus verklebten Keratinfasern. Die abgebildeten Hörner eines afrikanischen Spitzmaulnashorns sind Museumsstücke. Heute sind die Nashörner selten geworden, manche Arten sogar vom Aussterben bedroht – denn noch immer werden sie wegen ihrer Hörner gejagt, die zu Messergriffen und eigentlich völlig unwirksamen ,,Wundermitteln" verarbeitet werden.

Schädelknochen

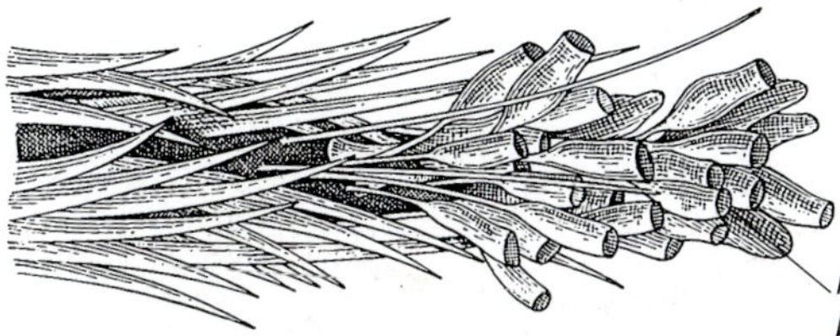

Rasselbecher

SCHWANZRASSEL
Stachelschweine besitzen am Schwanzende sogenannte „Rasselbecher". Bei Erregung werden diese Hornbecher geschüttelt, das klappernde Geräusch soll den Angreifer einschüchtern.

Ein Schwanz – wofür?

Das Knochengerüst des Schwanzes ist bei allen Säugern die Verlängerung der Wirbelsäule. Doch die äußere Ummantelung dieser Schwanzwirbel ist genauso vielgestaltig wie die Tiere, denen die Schwänze gehören. Es gibt flauschige „Schals" zum Wärmen im Winter, Wedel zum Fliegenabwehren und auffallend gemusterte „Signale" für die jeweilige Stimmung eines Tiers. Die meisten von uns wissen, dass ein Hund vor Freude mit dem Schwanz wedelt oder ihn zwischen die Beine klemmt, wenn er Angst hat, und dass Katzen, wenn sie aufmerksam oder verärgert sind, den Schwanz aufstellen. Die „Schwanzsprache" ist eine gebräuchliche Art der Verständigung bei Tieren. Durch bestimmte Stellungen des Schwanzes drücken sie Aggression, Unterwerfung und anderes Verhalten aus. Es gibt nur wenige schwanzlose Säugetiere wie den Menschen. Der Rest unseres Schwanzes ist das Steißbein, ein Knochenkopf aus vier oder fünf verschmolzenen Wirbeln am unteren Ende der Wirbelsäule.

Schwanzwirbel eines Pferds

Pferdeschwanz

Der Schwanz besteht aus langen Haaren.

Elefantenschwanz

Dicke, steife Haare

HAARIGER FLIEGENWEDEL
Der Pferdeschwanz besteht aus Hunderten langer, dicker Haare und wird zum Verscheuchen lästiger Insekten benutzt. Etwa die letzten 15 Wirbel machen ungefähr die Hälfte des Schwanzes aus (oben). Sie werden durch Längsmuskeln bewegt. Aufrichten des Schwanzes bedeutet Erregung (z.B. bei der Partnerwerbung), peitscht ein Pferd mit dem Schwanz, ist es wütend oder hat Schmerzen.

ELEFANTENMARSCH
Die dicke Elefantenhaut ist fast unbehaart. Nur am Schwanzende befinden sich drahtige Borsten. Wenn sie hintereinander laufen, halten sich die Tiere manchmal mit dem Rüssel am Schwanz des Vordertiers fest.

Löwen-Schwanzquast

Damhirsch-Schwanzquast

QUASTEN
Der lange bewegliche Schwanz des Löwen besitzt einen Quast aus dunklen Haaren (ganz links). Junge Löwen spielen oft damit, um Anspringen und Zupacken zu lernen. Der Schwanz des Damhirschs (links) ist oberseits dunkel, unterseits weiß. Das Fell unter dem Schwanz ist ebenfalls weißlich mit schwarzen Streifen. Der bei Gefahr aufgerichtete Schwanz ist ein Warnsignal für andere Mitglieder des Rudels.

Schwanz eines Neuguinea-Bilchbeutlers

RAU FÜR FESTEN HALT
Bilchbeutler leben in Australien und Südostasien. Dieser Schwanz eines Neuguinea-Bilchbeutlers zeigt die unbehaarte, schuppige Haut der Unterseite. Die Haut dieser Greifschwiele ist griffiger als glattes Fell. Der Schwanz ist einrollbar und dient wie bei den Schwanzaffen (unten) zum Festhalten an Ästen.

Greifschwiele

GREIFSCHWANZ
Der muskulöse Greifschwanz des Klammeraffen gibt beim Klettern in den Bäumen des südamerikanischen Regenwalds zusätzlichen Halt.

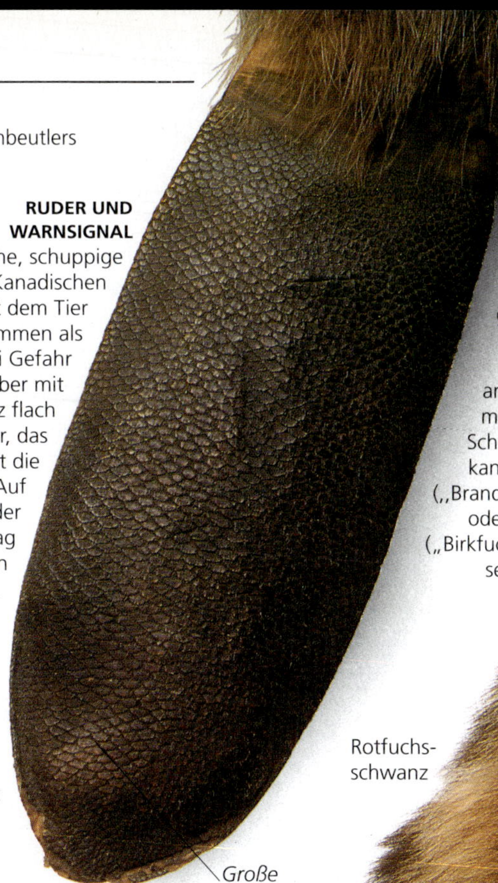

RUDER UND WARNSIGNAL
Der flache, schuppige Schwanz des Kanadischen Bibers dient dem Tier beim Schwimmen als Steuerruder. Bei Gefahr schlägt der Biber mit dem Schwanz flach aufs Wasser, das Platschen warnt die Artgenossen. Auf der Flucht kann der Biberschwanzschlag einen zusätzlichen Antrieb geben.

Biberschwanz

Große Schwanzschuppen

BUSCHIGE LUNTE
Der buschige Schwanz des Rotfuchses („Lunte") dient im Winter zum Warmhalten. Lange Zeit hielt man Füchse für Einzelgänger. Doch sie sind gesellige Tiere und ihre Schwänze dienen zur Verständigung mit anderen Familienmitgliedern. Die Schwanzspitze kann dunkel („Brandfuchs") oder weiß („Birkfuchs") sein.

Rotfuchsschwanz

Die Duftdrüse dient der sozialen Verständigung.

Weiße Spitze

Kattaschwanz

SCHWARZE SPITZE
Der weiße Winterpelz des Hermelins (im Sommer ist es braun) stellt im Schnee eine gute Tarnung dar. Doch die Schwanzspitze bleibt schwarz. Vielleicht verwirrt das Greifvögel und Eulen, die dann eher nach der schwarzen Schwanzspitze als nach dem empfindlichen Kopf des Tiers greifen.

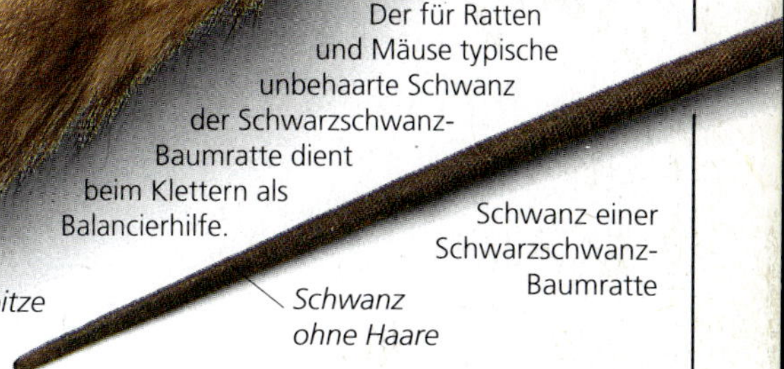

RATTENSCHWANZ
Der für Ratten und Mäuse typische unbehaarte Schwanz der Schwarzschwanz-Baumratte dient beim Klettern als Balancierhilfe.

Schwanz einer Schwarzschwanz-Baumratte

Schwanz ohne Haare

GEPANZERTER SCHWANZ
Wie der übrige Körper (S. 27) trägt auch der Schwanz des Gürteltiers schützende Panzerplatten. Die festen Hornplatten sind Hautbildungen.

Gürteltierschwanz

Hornplatten

DUFTFAHNE
Die geselligen tagaktiven Kattas verbringen weniger Zeit in den Bäumen als andere Lemuren. Wenn sie auf allen vieren umherlaufen, halten sie ihre charakteristischen schwarz-weiß geringelten Schwänze in die Luft. Bei Rangordnungskämpfen tragen Kattamännchen regelrechte „Duftduelle" aus. Sie streichen mit ihrem Schwanz über Duftdrüsen an Schultern und Unterarmen, halten den Schwanz dann über den Kopf und verströmen den Duft.

Die Ringelung hat Signalfunktion für andere Kattas.

WALFLOSSE
Der muskulöse Schwanz der Wale („Fluke") erinnert an eine zweiteilige Fischflosse. Er erzeugt mithilfe kräftiger Rückenmuskeln den Hauptantrieb beim Schwimmen.

Schwanz eines Flughörnchens

STEUERRUDER
Mit seitlichen „Flughäuten" als Fallschirm und dem abgeflachten Schwanz als Steuerruder und Bremse gleitet das Flughörnchen von Baum zu Baum.

Abgeflachtes Steuerruder

Frühgeburt

Australische Beuteltiere

Die meisten Säugetiere entwickeln sich in der Gebärmutter (Uterus) und werden über den Mutterkuchen (Plazenta) im Mutterleib ernährt (S. 34). Sie werden voll ausgereift geboren, bei vielen Arten stehen die Jungen schon wenige Stunden nach der Geburt auf eigenen Beinen (S. 35). Beuteltiere (Marsupialia) dagegen haben eine Fortpflanzungsweise, die sie von allen anderen Säugetieren unterscheidet. Ein typisches Beispiel ist das Bennettkänguru: Das Junge wächst nur vier Wochen lang in der Gebärmutter heran und wird dann als etwa 2,5 Zentimeter langer nackter Keimling, eher einem Wurm als einem Känguru ähnlich, geboren (S. 31). Es kriecht von der Geburtsöffnung zu der Zitze im Bauchbeutel der Mutter. Durch Anschwellen der Zitze während des Säugens hängt das Kleine fest im Beutel, wächst und entwickelt sich weiter. Eine Plazenta besitzen die meisten Beuteltiere nicht. Die Keimlingsentwicklung ist in den Beutel verlagert. Nach einiger Zeit wächst auch der Kiefer des kleinen Kängurus und es kann die Zitze loslassen. Später verlässt es zeitweilig sogar den Beutel, nach etwa 10 Monaten passt es nicht mehr hinein.

Erwachsenes Bennettkänguru-Weibchen

Vier Monate altes Bennettkänguru-Junges

Noch früher geboren

Nur fünf der 4000 Säugetierarten legen Eier: das australische Schnabeltier, der Australien- und der Tasmanien-Kurzschnabeligel und die drei Langschnabeligel aus Neuguinea, die einzigen Vertreter der Ordnung Monotremata, der Eier legenden Säugetiere (S. 8) Die Jungen schlüpfen etwa zwei Wochen nach der Eiablage aus den weißen lederhäutigen Eiern und werden dann von der Mutter „gesäugt". Die Milch tritt aus vergrößerten Hautporen aus und wird von den Jungen aufgeleckt. Zitzen besitzen die Eier legenden Säugetiere nicht (S. 36).

Kopf eines Schnabeltiers

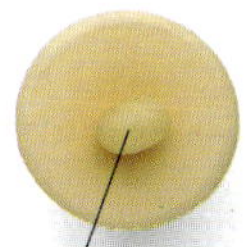

Schnabeligelei

Kopf eines Schnabeligels

GROSSE SPRÜNGE AUF GROSSEM FUSS

Diese Bennettkängurumutter und ihr Junges sind typische Vertreter der Kängurufamilie. Die Kängurus stellen etwa 50 der ungefähr 120 Beuteltierarten Australiens. Eine der artenreichsten Kängurugattungen sind die mittelgroßen Wallabies (Wallabia), zu denen auch das Bennettkänguru gehört. Der wissenschaftliche Name der Kängurus lautet Macropodidae, was so viel wie „Großfüßer" bedeutet, denn Kängurus besitzen große Hinterfüße, mit denen sie – unter Zuhilfenahme des Schwanzes – große Sprünge machen können. Manche Kängurus erreichen Geschwindigkeiten von bis zu 60 km/h. Beim Grasen (alle Kängurus sind Pflanzenfresser) hüpfen sie langsam herum und stützen sich auf Vorderbeine und Schwanz, wenn die Hinterbeine vorgezogen werden. Sie ruhen auf dem Schwanz sitzend oder legen sich in den Schatten eines Baums. Das Bennettkänguru war eines der ersten Beuteltiere, das Europäer zu Gesicht bekamen, als 1788 die ersten Schiffe in der Sydneybucht anlegten. Es bevorzugt im Gegensatz zum Steppen bewohnenden Roten Riesenkänguru bewaldete Buschlandschaften. Das vier Monate alte Junge beginnt mit dem Leben außerhalb des Beutels, doch bei den geringsten Anzeichen einer Gefahr rettet es sich schnell in den Beutel. Mit etwa neun Monaten verlässt es den Beutel, wird aber erst mit etwa 12 Monaten entwöhnt.

BEUTELAFFE?

Manche Opossums, amerikanische Beutelratten, sehen kleinen Affen oder Halbaffen ziemlich ähnlich, doch sie sind Beuteltiere. Die Wollbeutelratte lebt in den tropischen Urwäldern Mittelamerikas und des nördlichen Südamerikas. Wie Makis oder Loris besitzt sie große, nach vorn gerichtete Augen, mit denen sie gut Entfernungen abschätzen kann, wenn sie durchs Geäst springt. Ein Greifschwanz, wie ihn manche Neuweltaffen besitzen, betont die Affenähnlichkeit. Die Fortpflanzung aber ist beuteltiertypisch. Nach der Geburt saugen sich die Jungen an der Zitze im Beutel fest. Größere Junge lassen sich von der Mutter Huckepack tragen.

Nach seiner abenteuerlichen Reise in den Beutel saugt sich der Kängurukeimling an der Zitze fest und trinkt Milch (S. 36) wie alle Säugerbabys.

AUSGESTORBEN

Der tasmanische Beutelwolf, ein gestreifter, wolfähnlicher Raubbeutler, gilt heute als ausgestorben. Der letzte Beutelwolf starb 1936 im Hobartzoo auf Tasmanien in Gefangenschaft. 1938 wurden diese Tiere, vorher wegen ihrer Überfälle auf Schafe und Geflügel erbarmungslos gejagt, unter Naturschutz gestellt. Angeblich wurden danach noch Beutelwölfe auf Tasmanien und dem australischen Festland gesichtet, doch konnten diese Beobachtungen nicht bestätigt werden.

Kinderreiche Familie

Mäuse sind kleine, relativ wehrlose Säuger, eine leichte Beute für viele andere Tiere. Ihre Überlebensstrategie ist eine hohe Vermehrungsrate. Ein Mäuseweibchen ist mit sechs Wochen geschlechtsreif und kann bis zu zehnmal im Jahr werfen. Jeder Wurf hat etwa fünf bis sieben Junge. Würden alle Jungen überleben und wieder Kinder bekommen, könnte aus einem einzigen Mäusepaar ein Volk von einer halben Million werden.

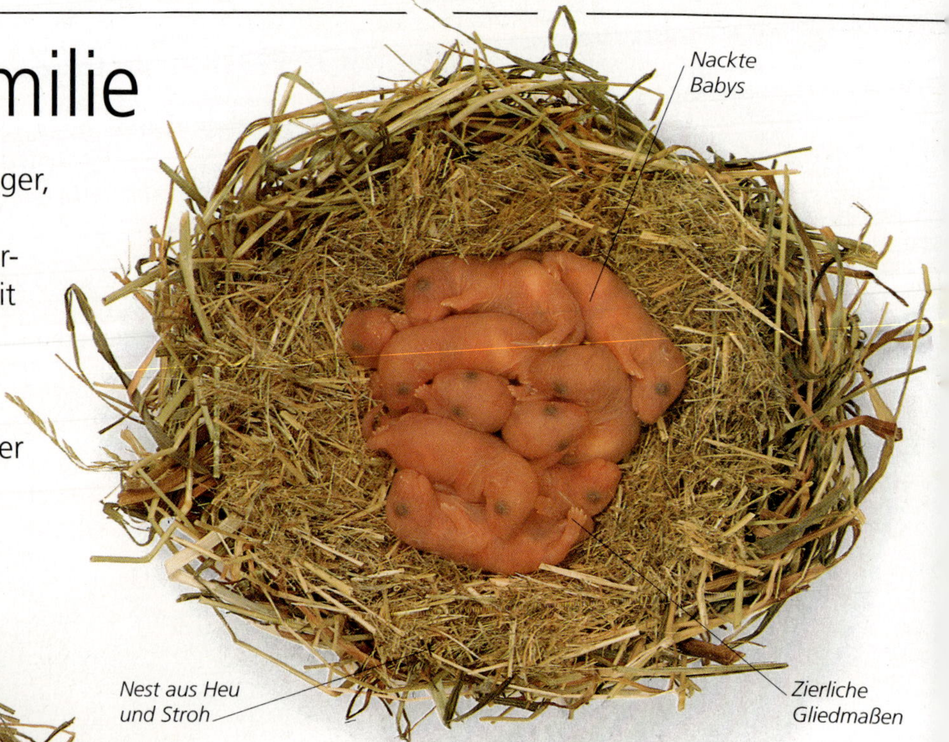

1 TAG DER GEBURT
Die Mäusemutter hat ein Nest aus Stroh, Heu, Moos und anderen Pflanzenteilen gebaut. Im Bereich menschlicher Siedlungen verwenden Hausmäuse auch Lumpen oder Papier. Das Nest befindet sich an einem sicheren Ort, tief in einem Loch, unter Dielen oder hinter einer Mauer. Etwa 20 Tage nach der Paarung wirft das Weibchen. Die Jungen sind kaum als Säugetiere erkennbar, geschweige denn als Mäuse: Rosa, nackt, ohrenlos und blind sind sie völlig auf ihre Mutter angewiesen.

2 2 TAGE ALT
Die winzigen Mäusebabys verbringen den Tag mit Trinken (S. 36–37) und Schlafen im weichen Nest. Ihre Schwänze werden nun länger, Augen und Ohren treten stärker hervor.

ZURÜCK NACH HAUSE
Mäusemütter betreiben Brutfürsorge. Sie suchen ein Junges, das sich selbstständig gemacht hat oder aus dem Nest gefallen ist, und tragen es im Mund zurück.

3 4 TAGE ALT
Zwei Tage später sehen die Jungen schon eher wie Mäuse aus. Die Ohrmuscheln sind jetzt erkennbar, Beine und Pfoten bekommen mäuseähnlichere Proportionen. Die Rufe der Jungen können wir z. T. hören, sie stoßen aber auch Töne im für uns nicht hörbaren Ultraschallbereich aus. Doch die Mäusemutter kann sie hören. Verlässt sie das Nest zu lange und die Jungen kühlen aus, rufen sie sie mit Ultraschall zurück zum Wärmen.

SÄUGERMERKMAL
Das Säugen ist kennzeichnend für alle Säugetiere. Die Mäusemutter stillt ihre Jungen regelmäßig, sodass diese die notwendige Energie für ein so rasches Wachstum bekommen.

4 6 TAGE ALT
Wenn das Fell erscheint, werden die Jungen hausmausbraun. In diesem Stadium sind sie besonders gefährdet, denn ihre Bewegungen und ihr Piepsen werden kräftiger und das Nest kann von Feinden leichter entdeckt werden. Die Mutter säugt ihre Jungen weiter. Erst mit etwa 18 Tagen werden sie entwöhnt, d. h. sie müssen nun feste Nahrung wie Samen und Getreidekörner statt Milch zu sich nehmen. Der Vater beteiligt sich nicht an der Aufzucht der Jungen.

5 10 TAGE ALT
Die Augen sind nun geöffnet und die Mäusekinder können sehen, allerdings sind sie sehr kurzsichtig. Auch ihre Bewegungen werden immer geschickter. Viele Säugetiere (z. B. Katzen, S. 34–35) werden erst in diesem Entwicklungsstadium geboren. Da aber Mäuse darauf angewiesen sind, viele Junge zu werfen, werden diese noch „unreif" geboren. So viele große Babys könnte die Mutter nicht austragen.

6 14 TAGE ALT
Die Mäuse interessieren sich nun für ihre Umgebung und verlassen das Nest öfter für kurze Zeit. In wenigen Tagen sind sie selbstständig und müssen allein mit den typischen Mäuseproblemen wie Bedrohung durch Feinde, Nahrungsmangel, Witterungseinflüssen und Überbevölkerung durch die eigenen Nachkommen zurechtkommen.

Neun Leben

Ein Säugetier, dessen Junge sich im Mutterleib entwickeln, ist ein Plazentatier. Die Plazenta (Mutterkuchen) wird von der Gebärmutterschleimhaut der Mutter und vom Gewebe des Embryos gebildet und versorgt diesen mit Nährstoffen und Sauerstoff. Außer den Eier legenden Säugetieren und den Beuteltieren sind alle Säuger Plazentatiere, so auch die Katzen. Man vergleiche die behaarten neugeborenen Katzen mit den Mäusebabys auf S. 32 (auch Plazentatiere) und dem Kängurubaby auf S. 30 (einem Beuteltier). Die Tragzeit (Entwicklungsdauer des Keims im Mutterleib) ist abhängig von der Körpergröße. Bei Spitzmäusen beträgt sie etwa 2 Wochen, bei Nashörnern 16 Monate. Die Zeit der Geburt selbst ist für Mutter und Kinder gefährlich, da sie nicht fliehen und Feinde angelockt werden können. Die Geburt ist in der Regel eine Privatangelegenheit und selbst Herdentiere wie Hirsche ziehen sich zur Geburt an einen ruhigen, sicheren Ort zurück.

Gleich wird ein Kätzchen geboren.

Die Fruchtblase erscheint – darin befindet sich das Junge.

Ein Kätzchen ist schon geboren.

1 DAS WARTEN IST VORBEI
Nach einer Tragzeit von 9 Wochen werden die jungen Kätzchen geboren. Diese Hauskatze lässt sich dabei von Kamera und Scheinwerfern nicht stören. Sie liegt auf ihrer Lieblingsdecke. Es ist ihr zweiter Wurf, so weiß sie genau, was zu tun ist. In freier Natur suchen sich die Tiere zur Geburt ein vor Wind und Regen geschütztes Plätzchen, damit die Jungen nicht auskühlen. Von Hormonen ausgelöst setzen die Wehen ein, rhythmische Kontraktionen der Gebärmutter. Das Junge, noch von der durchsichtigen Fruchtblase umhüllt, wird durch die Scheide gepresst – ans Licht der Welt.

Ein Kätzchen wird geboren.

Die Fruchtblase ist geplatzt.

2 DIE ERSTEN ATEMZÜGE
Im Mutterleib wird das sich entwickelnde Säugetier über die Plazenta mit Sauerstoff und Nährstoffen versorgt. Der Mutterkuchen ist in die Gebärmutterwand eingebettet und sieht aus wie ein Stück Leber. In diesem Organ treten Nährstoffe und Sauerstoff aus dem Blutkreislauf der Mutter in den des Kindes über. Das Baby ist mit der Plazenta über die Nabelschnur verbunden. Bei der Geburt löst sich die Plazenta von der Gebärmutterwand, noch immer über die Nabelschnur mit dem Jungen verbunden. Kurz nach dem Kind wird auch der Mutterkuchen aus der Scheide gepresst („Nachgeburt"). Jetzt muss das Junge selbstständig atmen. Sobald die Verbindung zur Plazenta unterbrochen wird (wenn die Nabelschnur reißt oder von der Mutter durchgebissen wird), unterbleibt die Sauerstoffzufuhr, das Junge schnappt das erste Mal nach Luft.

3 DURCHTRENNEN DER NABELSCHNUR

Das Neugeborene wartet am Hinterende der Mutter, bis die Nachgeburt austritt. In dieser Wartezeit gerinnt das Blut in der Nabelschnur, sodass das Junge nicht verblutet, wenn die Mutter die Nabelschnur durchbeißt. Die Katzenmutter frisst den Mutterkuchen auf. Zum einen stellt er eine gute Nährstoffquelle dar, besonders jetzt, da sie nicht auf Jagd gehen kann, zum anderen würde der Geruch Feinde anlocken. Danach leckt die Mutter das Junge trocken, sodass das Fell flauschig wird und das Kleine wärmt. Inzwischen hat das Erstgeborene sich am Bauch der Mutter entlanggetastet und mittels Geruchs-und Tastsinn die Milchzitzen gefunden (S. 36). Das Trockenlecken ist für die Mutter recht anstrengend, da die Jungen im 30-Minuten-Abstand geboren werden und so immer eines gesäubert werden muss. Eine Katzenmutter in freier Wildbahn greift in dieser Situation jeden Störenfried wütend an. Selbst die Neugeborenen kratzen und spucken, wenn sie bedroht werden. Eine Hauskatzenmutter lässt sich gern von einem vertrauten Menschen bei der Geburt helfen, doch ihre Jungen fauchen jeden an und zeigen ihre zahnlosen Kiefer, wie es Wildkatzen bei Fremden tun.

Durchtrennen der Nabelschnur

Das Erstgeborene trinkt schon.

Die Mutter beißt die Nabelschnur durch.

Ein Geschwisterknäuel

4 GEBOREN WERDEN IST ANSTRENGEND

Die feuchten Neugeborenen sehen zerknautscht und müde aus. Ihre Augen und Ohren sind noch verklebt, sodass sie noch blind und taub sind, aber nicht so hilflos, wie es scheinen mag. Katzenkinder sind recht aktiv und zäh. Setzt sich die Mutter aus Versehen auf sie oder tritt sie, protestieren sie mit energischem Quieken.

SOFORT AUF DEN BEINEN

Anders als die recht hilflosen jungen Katzen kann ein Kalb bald nach der Geburt stehen und laufen. Tiere, die von anderen gejagt werden, benötigen für die Geburt meist wenig Zeit.

5 EINE GLÜCKLICHE FAMILIE

Alle Jungen sind geboren. Es ist ein großer Wurf, doch die Geburt ging schnell und problemlos vonstatten. Die Mutter leckt und trocknet ihre Kinder immer noch. Wenn dann alle Kätzchen trocken und zufrieden an ihrem Bauch liegend Milch saugen, kann sie endlich schlafen. Die größte Gefahr ist vorüber.

Typisch Säuger

Eine Stute hat zwei Zitzen zwischen ihren Hinterbeinen. Sie schubst ihr Fohlen dorthin (es trinkt durchschnittlich viermal pro Stunde).

Die für Säuger kennzeichnenden Milchdrüsen entsprechen spezialisierten Schweißdrüsen und sind in zwei Reihen entlang der Bauchseite angelegt. Katzen und Hunde besitzen mehrere Drüsen und Zitzen. Bei den Huftieren liegen die Zitzen weit hinten am Bauch bei den Hinterbeinen. Bei den Primaten (einschließlich des Menschen) befinden sich die beiden Zitzen an der Brust, vielleicht eine Anpassung an das Baumleben und die Notwendigkeit, die Säuglinge mit den Armen festzuhalten. Während der Schwangerschaft vergrößern sich die Milchdrüsen unter dem Einfluss der weiblichen Hormone Östrogen und Progesteron. Die Milchproduktion wird von einem anderen Hormon, dem Prolactin, angeregt. Nach der Geburt sorgt das Hormon Oxytocin aus der Hirnanhangdrüse (Hypophyse) dafür, dass die Milchdrüsen Milch abgeben und neu bilden. Die Milch versorgt das junge Säugetier mit allem, was es an Nährstoffen, Vitaminen, Spurenelementen und Flüssigkeit braucht.

Die Katzenmutter von S. 34 mit ihrem dritten, viel kleineren Wurf

PASSENDE ZITZE
Anders als kleine Katzen trinken Hundewelpen von jeder Zitze, die sie erreichen. Zitzen (oder Brustwarzen), kegelförmige Erhebungen aus gummiartigem Gewebe, passen genau in das Maul des kleinen Säugers, sodass beim Saugen kaum Milch verloren geht. Nach dem Trinken verschließen sie sich wie ein Ventil.

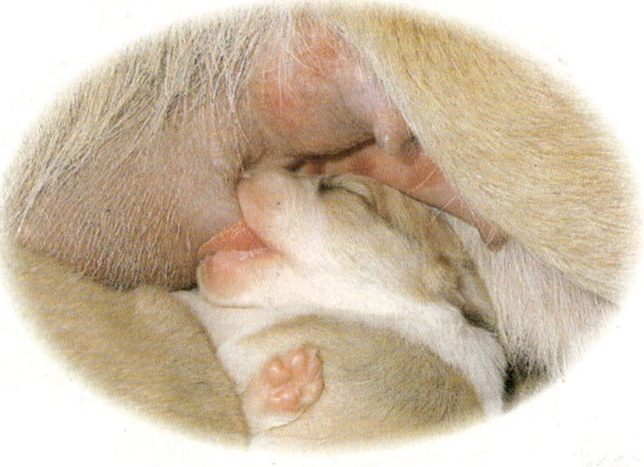

ZUFRIEDENE KATZE – ZUFRIEDENE KÄTZCHEN
Innerhalb einer Stunde nach der Geburt trinkt das Katzenkind zum ersten Mal Milch bei seiner Mutter. Da etwa 20 Minuten zwischen der Geburt der einzelnen Kätzchen liegen und jeder Wurf etwa 4–5 Junge umfasst, trinkt das Erstgeborene schon, wenn das letzte auf die Welt kommt. Das neugeborene Katzenkind ist zwar noch blind und taub, doch es riecht die Milch und fühlt mit Schnurrhaaren, Fellhaaren, Nase und Pfoten. Tapsig sucht es den warmen Bauch der Mutter und tastet sich dann bis zu einer Zitze vor. Diese knetet es mit Kopf und Pfoten, um den Milchfluss anzuregen. Den ersten Schluck nehmen die Jungen an irgendeiner Zitze, danach sucht sich jedes Kind seine „eigene", an der es nun ausschließlich trinkt. Hat ein Wurf viele Junge, trinken die Kleinen in mehreren „Schichten".

Die Zitzen liegen entlang des Bauchs.

Diese Zitze wird bei dem kleinen Wurf nicht benötigt.

Neugeborene Katzen beim Trinken

Jedes Kätzchen hat seine eigene Zitze.

MANATIMUTTER
Beim Manati, einer Seekuh, sitzen die Zitzen direkt hinter den Vorderflossen, in den „Achseln". Die Jungen werden unter Wasser gesäugt, neben ihrer Mutter im ruhigen Wasser treibend. Manchmal hält die Mutter das Kleine „im Arm", d. h. sie hält es mit ihrer Flosse fest, damit es nicht von Strömungen weggerissen wird.

ROMULUS UND REMUS
Die legendären Gründer Roms, Romulus und Remus, wurden der Sage nach von einer Wölfin gesäugt, bis sie ein Schäfer entdeckte und aufzog. Die Zusammensetzung der Wolfsmilch entspricht jedoch kaum den Bedürfnissen eines menschlichen Säuglings.

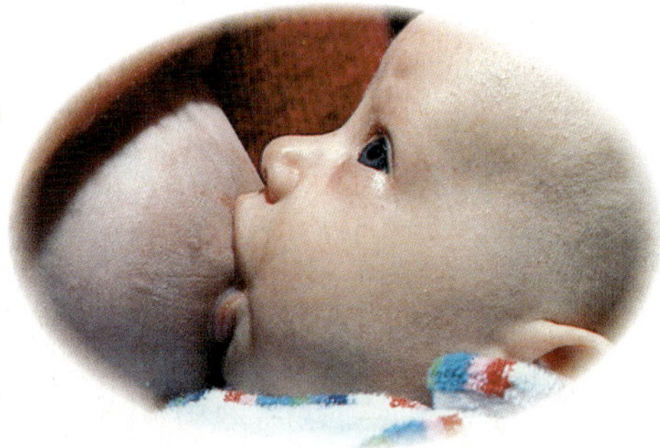

STILLEN
Im Gegensatz zu anderen Säugern verliert ein Menschenkind nach der Geburt zuerst an Gewicht. Doch nach einer Woche ist das Geburtsgewicht wieder erreicht. Der angeborene „Saugreflex" bewirkt, dass der Säugling, wird er an der Wange gestreichelt, den Kopf zur Seite dreht und nach der Brustwarze sucht.

Frühkindliche Entwicklung

Im Vergleich zu anderen Tieren investieren Säugetiereltern viel Zeit und Kraft in ihre Kinder. Ein Insekt kann Hunderte von Eiern legen und sie dann sich selbst überlassen. Ein Seeigel gibt Tausende von Eiern ins Wasser ab, danach hat er nichts mehr mit ihnen zu tun. Säuger sichern den Fortbestand ihrer Gene durch eine andere Strategie. Sie haben in der Regel verhältnismäßig wenige Nachkommen, kümmern sich aber intensiv um sie. Die Jungen werden gesäubert, gefüttert, warm gehalten, verteidigt, erzogen und behütet, bis sie für sich selbst sorgen können. Intensität und Dauer der elterlichen Fürsorge sind jedoch bei den einzelnen Arten unterschiedlich. Menschen, auf der einen Seite, verbringen viele Jahre damit, ihre Kinder aufzuziehen. Das andere Extrem sind die Spitzhörnchen. Die Mutter lässt die Jungen nach der Geburt im Nest zurück und kommt nur alle paar Tage wieder. Die Katzenmutter versorgt ihre Kinder, bis sie entwöhnt und in der Lage sind sich selbst zu ernähren. Die Energie für das rasche Wachstum liefert die Muttermilch (S. 36). Mit etwa 9 Wochen können die jungen Katzen ihre Mutter verlassen. Man vergleiche dies mit dem Bennettkänguru (S. 30) und den Mäusen (S. 32).

MIT 63 TAGEN NOCH HILFLOS
In einem Alter, in dem eine Katze schon für sich selbst sorgen kann, ist ein menschlicher Säugling noch ziemlich hilflos. Eine seiner wertvollsten Verhaltensäußerungen ist sein Lächeln, das Zuneigung und Fürsorge verstärkt und die Mutter-Kind-Bindung festigt. Bis dieses Menschenkind selbstständig ist, wird es noch viele Jahre dauern.

Neugeborenes Kätzchen

Augen und Ohren sind geschlossen.

Das Fell ist getrocknet.

1 TAG DER GEBURT
Junge Katzen kommen voll behaart zur Welt. Da es im Mutterleib von Fruchtwasser umgeben ist, erinnert ein junges Kätzchen eher an einen begossenen Pudel (S. 34). Die Mutter leckt ihre Nachkommen gründlich, bis das Fell trocken und glänzend ist. Das Neugeborene ist recht hilflos. Es kann weder sehen noch hören (Augen und Ohren sind noch geschlossen) und seinen Kopf nicht halten. Doch es kann fühlen und riechen, zur Zitze der Mutter kriechen und daran trinken (S. 36).

7 Tage altes Katzenkind

Das Kätzchen ist gewachsen.

Schmale Augenschlitze

2 7 TAGE ALT
Innerhalb einer Woche verdoppelt eine junge Katze ihr Geburtsgewicht von etwa 100 g. Die Augen öffnen sich, doch Farben und Formen können die Kätzchen noch nicht erkennen. Sie müssen erst verstehen lernen, was sie sehen; das dauert seine Zeit. Die Mutter leckt das Kleine sauber und leckt auch seine Ausscheidungen auf – in der Natur ein sinnvolles Verhalten, da ein verschmutztes, stinkendes Nest bald Feinde anlocken würde.

21 Tage altes Kätzchen

Augen ganz geöffnet

Milchzähne

Längere Beine ermöglichen krabbelnde Fortbewegung.

3 21 TAGE ALT
Jetzt sind Augen und Ohren geöffnet, die Katze kann den Kopf halten. Das Gewicht hat sich seit der Geburt vervierfacht, die Muskeln sind kräftiger und arbeiten koordinierter, die Beine sind etwas länger geworden, sodass das Junge „umherschlurfen" kann. Fühlt sich das Kätzchen in Bedrängnis, miaut es laut und zeigt dabei seine Milchzähne, die im Alter von 2–3 Wochen durchbrechen.

4 **30 TAGE ALT**
Nach dem Trinken hängt der volle Bauch des Kätzchens fast bis auf den Boden, denn die Beine sind noch relativ kurz. Doch es läuft jetzt schon recht sicher und verlässt das Nest aus eigenem Antrieb zu Erkundungsgängen und zum Spielen. Eine große Veränderung stellt die Entwöhnung dar. Das Katzenkind trinkt immer weniger Milch bei seiner Mutter und probiert mehr und mehr feste Nahrung. Die Mutter trägt ihre Beute zum Nest und lässt die Kinder kosten, damit sie später wissen, was sie jagen können.

30 Tage altes Kätzchen

Das Gesicht wirkt weniger kindlich.

Das Kätzchen kann stehen.

42 Tage altes Kätzchen

Der Kopf ist im Verhältnis zum Körper noch recht groß.

5 **42 TAGE ALT**
Mit 6 Wochen hat das Katzenjunge noch einen recht großen Kopf und kurze Beine, doch insgesamt werden seine Proportionen erwachsener. Es verlässt das Nest schon für längere Zeitspannen, erkundet die Umgebung und spielt mit seinen Wurfgenossen (Hauskatzen haben durchschnittlich 5 Junge pro Wurf). Die Bewegungskoordination ist besser, das Katzenkind kann rennen, springen, klettern. Doch meist wagt es sich noch nicht weit von zu Hause weg. Feste Nahrung gewinnt nun einen größeren Stellenwert, doch viele Nährstoffe liefert noch immer die Muttermilch. Ein Lemmingweibchen wäre in diesem Alter schon zum ersten Mal schwanger.

63 Tage altes Kätzchen

Mit dem längeren Schwanz wirkt das Kätzchen schon erwachsener.

6 **63 TAGE ALT**
Die meisten Katzen sind mit 9 Wochen vollständig entwöhnt. Sie sind zwar noch in die Katzenfamilie eingebunden, doch könnten sie auch allein zurechtkommen, wenn sie jetzt von der Mutter getrennt würden. Die jungen Katzen wirken sehr verspielt, doch die meisten Aktivitäten sind wichtige Übungen für die Jagd und zur Vermeidung von Gefahren (S. 42). Das Kätzchen, das mit der roten Wolle spielt, trainiert die Augen-Pfoten-Koordination, übt Reaktionsschnelligkeit und den festen Zugriff mit den Krallen – und es testet die „gefangene“ Wolle.

Beim Spiel mit dem Ball lernt der kleine Orang-Utan vielleicht den Umgang mit Früchten.

Spielen und ...

Dass Ameisen oder Würmer spielen, wäre eine merkwürdige Vorstellung. Das, was wir Spiel nennen, scheint auf Säugetiere mit ihren hoch entwickelten Sinnen, ihrer Lernfähigkeit und Intelligenz beschränkt zu sein. Vor allem junge Säugetiere spielen. Das Spiel scheint Selbstzweck zu sein im Gegensatz zu Verhaltensweisen erwachsener Tiere wie Nahrungserwerb und Revierkämpfe. Junge Schimpansen jagen sich in einem wilden Durcheinander, Dachskinder wälzen und balgen sich vor ihrem Bau und selbst kleine Schnabeltiere watscheln im Spiel umher, quietschend und wie kleine Hunde bellend. Darüber, warum Säugetierkinder spielen, gibt es eine Menge Theorien. Im Spiel trainieren Tiere Muskulatur und Koordination, lernen Überlebenstechniken und Jagdstrategien als Räuber oder Erkennen von Gefahren und Fluchtverhalten als Beutetier. Soziale Säugetiere lernen die Grundlagen der Verständigung, das Einsetzen von Lauten und Körpersprache, um Überlegenheit oder Unterwerfung zu signalisieren – wichtige Dinge für das Zusammenleben in der Gruppe.

„Zerreißprobe"

DER SCHIMPANSE UND DAS TUCH
Diesem 2-jährigen Schimpansenmännchen gab man ein Stück Stoff zum Spielen. Er untersuchte Farbe, Struktur und Reißfestigkeit (links) – natürlich auch, ob man den Gegenstand nicht vielleicht doch essen kann. Danach prüfte der junge Schimpanse verschiedene Möglichkeiten, den Stoff als Kleidungsstück zu benutzen. Dabei beobachtete er die Reaktionen der anwesenden Menschen sehr genau. Bei zustimmendem Gelächter über die Verwendung des Tuchs als „Schal", „Hut" (oben) oder „Schleier" (ganz rechts), fühlte er sich bestätigt und experimentierte weiter. Später wandte er sich den Einzelheiten zu und zog Fäden aus dem Stoff (unten). Bei diesem Spiel werden Fertigkeiten geübt, die im späteren Leben eine Rolle spielen – von der Muskelkraft, die ein Schimpanse braucht, um jeden Abend sein Laubbett zu bauen, bis zur Fingerfertigkeit, die er zur Körperpflege (S. 44) oder beim Essen kleiner Nahrungsteile (S. 49) benötigt.

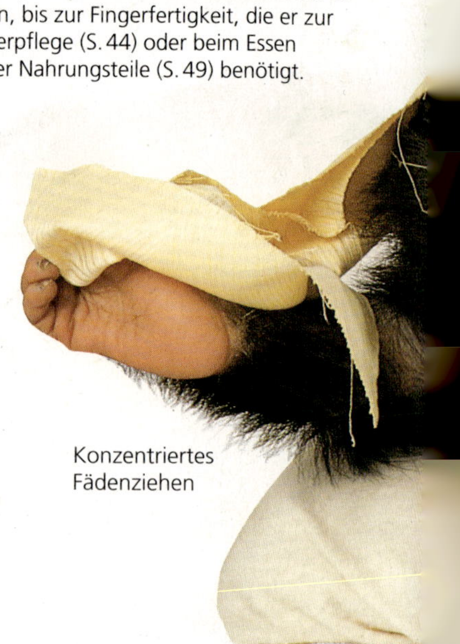

Konzentriertes Fädenziehen

Das Stoffstück als Hut

KEINE TERMITEN DRIN

Neben ihrer Hauptnahrung, Früchten und Blättern, fressen wilde Schimpansen auch Ameisen und Termiten, die sie mithilfe von Stöckchen aus Löchern angeln (S. 49). Das Untersuchen von Löchern ist daher eine häufige Verhaltensweise bei Schimpansen. Sie sehen auch dann nach, wenn eigentlich keine Termiten zu erwarten sind, wie z. B. in diesen Bauklötzen.

SPIELZEUG

Gekauftes Kinderspielzeug ist für uns so selbstverständlich, dass wir den stammesgeschichtlichen Hintergrund des Spiels kaum noch bedenken. Bei manchen weniger industrialisierten Völkern dienen Stöcke, Steine und Blätter als natürliches Spielzeug.

Benutzung des Stoffs als Schleier

Armübungen als Kraft- und Koordinationstraining, Übung fürs Baumleben

Spielende Delfine: Diese geselligen Meeressäuger folgen Schiffen scheinbar „zum Spaß".

... lernen

Pflanzenfresser müssen auf der Suche nach Nahrung oft weit umherstreifen, doch wenn sie ihre Futterpflanzen gefunden haben, brauchen sie nur noch zu fressen. Für jagende Fleischfresser ist der Nahrungserwerb riskanter. Sie müssen sich anschleichen, einer Spur folgen oder die Beute hetzen. Schließlich sind einige Beutetiere sehr wehrhaft und können den Räuber ernsthaft verletzen (S. 26). Entkommt die Beute, waren Zeit und Mühe vergebens. So verwundert es nicht, dass das Spiel bei jungen Raubtieren, wie Hunden oder Katzen, viele Verhaltensweisen des späteren Jagdlebens widerspiegelt. Damit ihre Annäherung an den Spielpartner nicht als Angriff missverstanden wird, signalisieren Tiere ihre Spielstimmung durch ganz bestimmte Verhaltensweisen. Ein Welpe macht eine „Spielverbeugung", das heißt, er legt sich auf die Brust, Hinterkörper und Beine bleiben oben, dabei wedelt er mit dem Schwanz und richtet die Ohren nach vorn. Diese Stellung bedeutet in unsere Sprache übersetzt: „Komm, spiel mit mir!"

Katzenspiel

Viele Verhaltensweisen spielender Katzen lassen sich als Schulung der später benötigten Jagdtechniken deuten. Junge Katzen spielen allein und lernen so ihre Kräfte einzuschätzen oder sie spielen zu mehreren „Katz und Maus".

FANGSCHLAG
Mit Luftschlägen trainiert das Kätzchen die Augen-Pfoten-Koordination. Jagende Katzen setzen solche Hiebe zum Fangen tief fliegender Vögel oder springender Mäuse ein.

FANGEN
Mit den Pfotenflächen nach oben versucht das Kätzchen den Ball aufzuheben oder umzudrehen. Erwachsene Katzen setzen derartige Bewegungen beim Fangen kleiner Beutetiere ein, u. a. beim Fischfang.

UNTERHALTUNG
Selbst erwachsene Katzen „spielen" aus noch unbekannten Gründen mit ihrer Beute, bevor sie sie töten. Eine piepsende Maus oder ein flatternder Vogel scheint für sie unterhaltend zu sein.

SATZ
Der „Mäusefangsprung" ist typisch für Katzen, aber auch Füchse und Hunde beherrschen ihn. Mit diesem Sprung landet der Räuber schnell und lautlos auf dem Rücken des Opfers und tötet es durch einen Genickbiss, bevor es Widerstand leisten kann. Bei diesem Spiel stellt der Schwanz der Mutter die Maus dar.

Wer ist der Stärkere?

Hunde, also Wölfe, Schakale, Dingos und alle Haushunde sind Rudeltiere. Welpen lernen spielerisch viele soziale Verhaltensmuster, die für Erwachsene zur Aufrechterhaltung der Rangordnung im Rudel notwendig sind.

DER BESTE FREUND DES MENSCHEN
Die meisten Hunde verhalten sich gegenüber ihrem Herrn wie gegenüber einem ranghöheren Rudelmitglied.

ZAHNPROBE
Der braune Welpe spielt allein. Er beißt und nagt an dem Ring, als wäre er ein Knochen. Dabei wird die Beißkraft der Zähne getestet und die Kiefermuskulatur gestärkt.

BALGEREI
Der schwarz-weiße Welpe möchte mitspielen. Nun ziehen beide kräftig am Ring. Dieses Verhalten findet man bei vielen Rudeljägern, wenn sie gemeinschaftlich ein großes Beutetier, z. B. einen Hirsch erlegen. Es tritt aber auch beim Streit um ein Stück Beute auf.

SCHWANZBEISSEN
Der größere braune Welpe gewinnt das Tauziehen. Doch nun interessiert ihn der Ring nicht mehr. Er beißt seinen Bruder lieber in den Schwanz. Auch dieser Biss ist noch Spiel, doch schmerzhaft genug, um eine Herausforderung zu bedeuten.

ICH BIN STÄRKER!
Die Welpen raufen nun, sie führen einen geräuschvollen Scheinkampf mit Knurren und Beißen. Plötzlich beißt der schwarz-weiße Welpe etwas zu fest zu. Aus dem Spiel wird ein Machtkampf. Mit gerümpfter Nase und gefletschten Zähnen schauen sich die Welpen an. Der stärkere braune Welpe legt sich auf den anderen und bringt damit seine Überlegenheit zum Ausdruck. Der schwarz-weiße Welpe rollt sich zum Zeichen der Unterwerfung auf den Rücken.

Körperpflege

Das Fell hält das Säugetier warm und trocken. Doch es verschmutzt leicht und ist ein Paradies für Parasiten, die sich von abgestorbener Haut oder dem nährstoffreichen Blut unter der Haut ernähren. Lecken, Kratzen, Kämmen, Schütteln, Wälzen, Baden, Reiben, mit Fingern oder Mund Absammeln sind einige der Techniken, mit denen Säuger ihr Fell säubern. Durch das Putzen wird das Krankheitsrisiko verringert und sichergestellt, dass heilende Wunden sauber gehalten werden. Die meisten Säuger putzen sich selbst, doch auch die „soziale Körperpflege", bei der sich Artgenossen gegenseitig reinigen, ist weitverbreitet. Zum einen dient dieses Verhalten natürlich der Sauberkeit: Ein anderer kann schwer zugängliche Körperstellen wie Nacken oder Rücken besser erreichen, zum anderen wird der Zusammenhalt der Gruppe gefestigt, so wird zum Beispiel auch der Erkennungsduft der Gruppe übertragen, der Gruppenmitglieder von Eindringlingen unterscheidet.

KRATZ MIR DEN RÜCKEN!
Soziale Körperpflege bei Pavianen hält diese Affen nicht nur sauber, sondern dient auch der Festigung der Rangordnung in der Gruppe.

FÜRSORGLICHE MUTTER
Junge Säuger können sich noch nicht putzen, v. a. noch nicht die nackten, hilflosen Babys der Nagetiere (S. 32). Die Hamstermutter leckt ihren Nachwuchs sauber. Das Fell muss sauber und trocken bleiben, denn ein feuchtes Fell klebt am Körper und isoliert nicht mehr. Solch kleine Tiere können sehr schnell auskühlen und sterben.

Nacken und Oberkopf werden mit den Pfoten gereinigt.

Die Vorderpfoten erreichen auch schwer zugängliche Stellen.

VON WEGEN „DRECKIG"!
Selbst Ratten verwenden viel Zeit auf die Pflege von Haut und Fell. Mit den Zähnen wird das Fell entfilzt und gebürstet, dabei werden mit Zähnen und Krallen Läuse und abgestorbene Hautpartikel entfernt. Bei wilden Ratten kommen oft Parasiten vor, besonders Flöhe. Diese Flöhe sind die Überträger eines Bakteriums, das die Pest – den „Schwarzen Tod" – verursacht. Im Mittelalter starb etwa die Hälfte der europäischen Bevölkerung an dieser Seuche.

Die Zähne werden als „Fellkamm" benutzt.

An einem sicheren Ort beginnt die Ratte sich zu putzen. Sie dreht und wendet sich nach hinten und zur Seite und reinigt ihr Fell mit Zähnen und Krallen.

STAUBBAD

Manche Säugetiere, z. B. Elefanten, bedienen sich der „Trockenshampoo"-Methode, die auch viele Vögel zur Gefiederpflege einsetzen. Beim Staubbad wird Staub auf den Körper geworfen, dann eingerieben. Das Tier kratzt und schüttelt sich anschließend, um Schmutz und Parasiten loszuwerden. Das üppige Fell der Chinchillas behält so seine Schönheit, denn in ihrer Heimat, den südamerikanischen Anden, gibt es viel Staub. Der Zeitaufwand lohnt sich: Das Fell schützt die Chinchillas vor der bitteren Kälte und dem scharfen Wind im Gebirge.

Chinchillas wälzen sich im Staubbad.

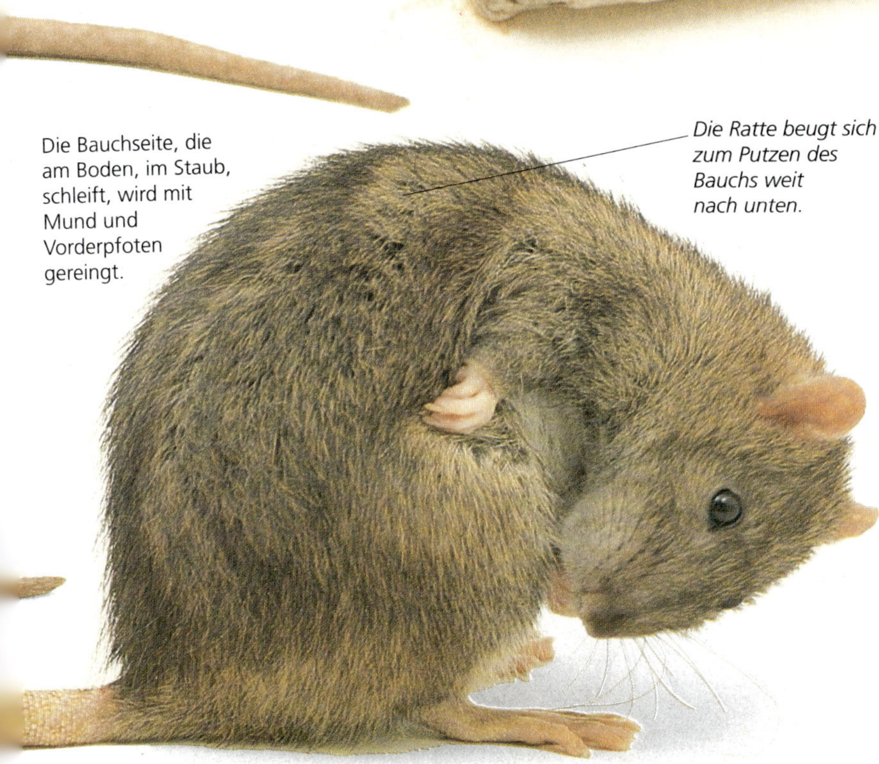

Die Bauchseite, die am Boden, im Staub, schleift, wird mit Mund und Vorderpfoten gereingt.

Die Ratte beugt sich zum Putzen des Bauchs weit nach unten.

HILFREICHER FREUND

Fettfilme in den Falten der dicken Nashornhaut sind ideale Verstecke für Parasiten. Der Madenhacker pickt sie heraus. Der Vogel hat seine Mahlzeit, das Nashorn seine Körperpflege – eine Beziehung zum gegenseitigen Nutzen, „Symbiose" genannt.

Fortsetzung auf Seite 46

Fortsetzung von Seite 45

Katzenwäsche

Eine Hauskatze legt großen Wert auf ihre Körperpflege, denn sie hat viel Zeit. Sie muss nicht jagen, sie bekommt ja ihr Futter, und wenn sie nichts Wichtigeres zu tun haben, putzen sich Katzen eben. Das Putzen kann auch eine „Übersprunghandlung" darstellen. So macht eine Katze unter Umständen eine Katzenwäsche, wenn ihr ein Beutetier entkommen ist – gewissermaßen, um sich abzureagieren.

WIE DU MIR – SO ICH DIR
Gegenseitige Körperpflege bei Pferden dient dazu, Läuse und Zecken an schwer zugänglichen Stellen zu entfernen. Ein einzelnes Pferd sucht sich einen Baum oder Pfosten zum Kratzen, doch ein Helfer ist besser. Ein Pferd, das gemeinsame Körperpflege wünscht, nähert sich einem anderen mit leicht geöffnetem Maul. Hals an Hals oder Kopf an Schwanz stehend beknabbern sie sich etwa 5–10 Minuten. In einer Pferdeherde gibt es regelrechte Putzfreundschaften.

Ein biegsames Rückgrat ermöglicht der Katze das Vorbeugen.

Bein zur Balance ausgestreckt

BEINKOSMETIK
Die geschmeidige Katze kann beim Putzen fast alle Körperteile erreichen. Die Beine lassen sich am besten im Liegen säubern. Die Pflege der Pfoten ist besonders wichtig, denn bei einem Raubtier wie der Katze hängt das Überleben in der Wildnis auch von gesunden Beinen ab. Die Fußsohlen werden von Schmutz befreit, die Krallen werden ausgefahren und auf noch anhaftende Beutereste untersucht.

SEIDIG GLÄNZEND
Pferde entfernen Parasiten und lose Haare selbst, doch der Mensch beurteilt Pferde anhand ihres Fellglanzes und striegelt sie daher ausgiebig. Für Pferde zählen wahrscheinlich andere Qualitäten mehr.

Mit der mit Spucke angefeuchteten Vorderpfote wird hinter den Ohren geputzt.

GESICHTSWÄSCHE
Viele Säugetiere „lecken ihre Lippen", um Nahrungsreste um die Mundpartie herum zu entfernen. Die Zunge reinigt und desinfiziert mit Spucke, aber sie erreicht nicht den ganzen Körper. Die Katze leckt daher über die Vorderpfoten und befeuchtet sie mit Spucke, dann säubert sie mit der Pfote Hals, Ohr, Auge und Schnurrbart.

PFOTENLECKEN

Wer schon einmal von einer Katze abgeleckt wurde, wird sich sicher an die schmirgelpapierartige, raue Zunge erinnern. Die Katzenzunge hat steife, bürstenähnliche Papillen. Auch die menschliche Zunge weist solche Papillen auf, doch sind diese weicher. Die Katzenzunge bürstet das Fell, die kleinen Schneidezähne der Katze zupfen wie eine Pinzette abgebrochene und lockere Haare, abgestorbene Haut, anhaftenden Schmutz und Parasiten aus. Die Vorderpfoten kommen meist zum Schluss dran, da mit ihnen andere Körperteile (z. B. das Gesicht) gereinigt werden.

Zufrieden streckt sich die Katze lang aus.

Die raue Zunge „bürstet" das Fell.

Das Hinterbein wird hinter dem Kopf hochgehalten.

KOPF NACH HINTEN

Dies ist eine typische Haltung einer sich putzenden Katze. Dabei wird ein Bein hochgestreckt, damit Bauch und Afterregion besser erreichbar sind. Kot- und Urinreste werden säuberlich entfernt.

ERGEBNIS:

Eine saubere Katze. Das noch spuckefeuchte Fell trocknet bald und wird dann flauschig. Beim Putzen werden auch Hautfette und -wachse verteilt und bilden einen Wasser abweisenden Film, der auch vor Krankheitserregern schützt. Häufiges Waschen mit Shampoo entfernt diese natürlichen Schutzstoffe aus unserem Haar. Zu viel Sauberkeit ist also auch nicht gut.

Fell noch feucht vom „Waschen"

Für Hausmäuse beim nächtlichen Besuch der Speisekammer sind Sahne, Knoblauch und Kerzenwachs keine ungewöhnliche Speisenfolge.

Mahlzeit!

Ein wechselwarmes Tier wie eine Schlange kann wochenlang ohne Nahrung auskommen. Doch die gleichwarmen Säuger benötigen viel Energie zur Aufrechterhaltung ihrer Körperfunktionen. Diese Energie, ebenso wie die Rohstoffe für Wachstum und Vermehrung, liefert die Nahrung. Für die meisten Säugetiere in freier Natur dreht sich der ganze Tagesablauf hauptsächlich um die Nahrungsbeschaffung. Einer der Gründe für den hohen Energieverbrauch der Säuger ist ihre schon angesprochene Fähigkeit, die Körpertemperatur auch bei niedrigen Außentemperaturen konstant zu halten, wenn wechselwarme Tiere steif und inaktiv sind. So können Säugetiere in der Dämmerung auf Nahrungssuche gehen, bevor die Hitze des Tages Reptilien, Insekten und andere wechselwarme Beutetiere aufwärmt und ihnen eine schnelle Flucht ermöglicht. Dabei hängt der tägliche Nahrungsbedarf von der Körpergröße eines Tiers ab. Je kleiner ein Tier ist, umso mehr Nahrung braucht es, denn kleine Körper besitzen relativ mehr Oberfläche als große und verlieren so mehr Wärme. Spitzmäuse benötigen täglich das Äquivalent ihres eigenen Körpergewichts an Nahrung und können in nur 3 Stunden verhungern. Sie fressen hastig, ruhen sich kurz zum Verdauen aus und fressen dann wieder. Am anderen Ende der Fleischfresserskala steht der Löwe. Er benötigt nur 1/40 seines Körpergewichts an täglicher Nahrungsmenge. Was ein Tier frisst, ist an Mund- und Gebissform (S. 50) sowie an seinen Krallen (S. 58) erkennbar.

GIRAFFENZUNGE
Die lange dunkle Zunge der Giraffe erhöht die Reichweite des größten Landsäugetiers um zusätzliche 30 cm. Ein großes Giraffenmännchen kann Blätter in bis zu 5,5 m Höhe abäsen. Die Zunge greift die Blätter und zieht sie herab. Die Eckzähne besitzen zwei tiefe Rinnen, die beim Abstreifen der Blätter von den Zweigen hilfreich sind.

Ein Chipmunk beim Nüssefressen

Mit den Vorderpfoten wird die Nahrung gewendet.

VON DER HAND IN DEN MUND
Chipmunks mit etwas Essbarem in den handartigen Vorderpfoten kann man im östlichen Nordamerika häufig in Parks und an Picknickplätzen beobachten. Dort versuchen diese possierlichen Backenhörnchen abfallende Bissen zu erhaschen. Chipmunks drehen ihre Nahrung beim Fressen schnell in den Händen, knabbern dabei Stücke ab und suchen mit den Zähnen die Schwachstellen einer Nuss, die sie knacken wollen. Wie viele andere Nagetiere tragen sie in ihren Backentaschen Nahrungsreserven in ihren Bau (S. 52).

ALLESFRESSER

Abgesehen von uns Menschen verzehren Hausmäuse wohl das meiste Getreide auf der Welt. In freier Natur ist der Speiseplan dieser kleinen Nager schon sehr abwechslungsreich: Sie fressen Samen, Früchte, Blätter, Knospen und andere Pflanzenteile, ebenso Insekten und andere kleine Tiere. Im Bereich menschlicher Siedlungen sind sie aber weniger wählerisch. Sie verputzen Brot, Papier, Kordel, Butter, Seife, Kerzenwachs (siehe gegenüber) und andere wachsartige oder fetthaltige Substanzen, u. a. auch Käse und den Speck, mit dem man Mäuse fängt. Selbst gefrorenes Fleisch in Kühlhäusern ist vor ihnen nicht sicher. Mäuse nagen und knabbern mit ihren Schneidezähnen, den nagertypischen Nagezähnen (S. 50) Kleine Nahrungsteile werden dabei in den Vorderpfoten gehalten. Die unteren Schneidezähne hinterlassen typische Fraßspuren.

Körner werden in den Vorderpfoten gehalten.

Hausmäuse fressen Körner.

Auf dem Weg zu einer geheimen Vorratskammer… (S. 52)

Auf den Hinterbeinen sitzend benutzen die Mäuse die Vorderpfoten zum Festhalten der Nahrung.

Die Maus ist wachsam, auch beim Fressen.

KRALLEN FÜR JEDE GELEGENHEIT

Der Malaienbär ist wie die meisten Bären (S. 50) omnivor (d. h. ein Allesfresser). Mit ihrem geringen Gewicht und den langen, gebogenen Bärenkrallen kann diese kleinste Großbärenart gut klettern und reife Früchte von den Bäumen ernten. Der Malaienbär zieht auch die Rinde von Bäumen ab, um Maden und die Nester von Termiten und Bienen freizulegen.

DAS PASSENDE WERKZEUG

Dieser Schimpanse stochert mit einem Stöckchen im Termitenbau. Die Insekten fassen zu, der Schimpanse zieht den Stock mit den daran hängenden Termiten aus dem Loch und lutscht ihn ab. Ähnlicher Werkzeuggebrauch ist auch von anderen intelligenten Säugetieren und von einigen Vögeln bekannt.

FISCH ZUM ABENDESSEN

Der Fischotter frisst nur selten im Wasser. Er kommt ans Ufer, hält die schlüpfrige Beute mit den Vorderpfoten fest und reißt mit seinen scharfen, spitzen Eckzähnen (S. 50) Fleischstücke ab. Fischotter fressen auch kleine Säuger, Vögel und Frösche.

Zähne

Säugetiere sind gleichwarme, meist sehr aktive Tiere. Daher benötigen sie zur Aufrechterhaltung ihres Energiehaushalts viel Nahrung. Die Zähne greifen die Nahrung und sorgen für eine erste Zerkleinerung. Ein Zahn ist in der Regel von Zahnschmelz überzogen. Darunter liegt das harte Zahnbein, ganz innen das Mark mit Nerven und Blutgefäßen. Auf diesem Grundbauplan basierend haben die Säuger eine Vielzahl von Zahnformen entwickelt: Zähne zum Schneiden, Hacken, Nagen, Reißen, Festhalten, Mahlen etc. Zähne sind auch ein wichtiger Anhaltspunkt für stammesgeschichtliche Untersuchungen, denn sie sind oft gut als Fossilien erhalten.

Schädel eines Schwarzbären

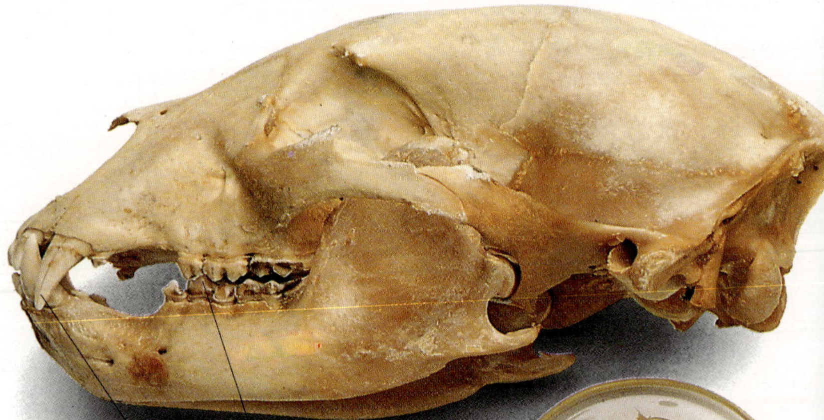

Eckzahn

Backenzahn

Honigwabe

Fischfleisch

ANPASSUNGSFÄHIGER BÄR
Bären gehören zu den Raubtieren, doch ist ihr Speisezettel erstaunlich lang: von Fisch, Nagetieren und Hirschkälbern bis zu Knospen, Früchten, Beeren – und dem als Bärenleibspeise geltenden Honig. Das Gebiss zeigt entsprechende Anpassungen: spitze Schneide- und Eckzähne für das Fleisch und Backenzähne zum Zermahlen der Pflanzennahrung.

Der linke Oberkieferzahn wird beim männlichen Narwal zu einem bis zu 3 m langen „Stoßzahn". Er dient wahrscheinlich der Partnerwerbung.

DAS RÄTSEL DES PANDA
Der Große Panda frisst gelegentlich Insekten, kleine Säuger und Aas, lebt aber hauptsächlich vegetarisch – von Bambus. Aufgrund dieser Besonderheit war seine Zuordnung innerhalb der Bären lange umstritten. Heute gilt er als Großbär, zu denen z. B. auch Braunbären gehören.

Bambus – Hauptnahrung des Pandabären

Unterkiefer eines Pandabären

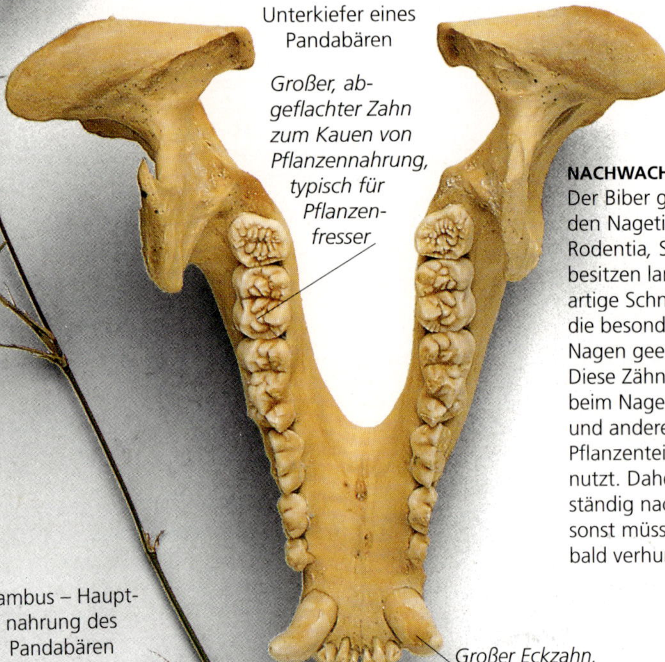

Großer, abgeflachter Zahn zum Kauen von Pflanzennahrung, typisch für Pflanzenfresser

Großer Eckzahn, typisch für Fleischfresser

Die langen Nagezähne sind orange.

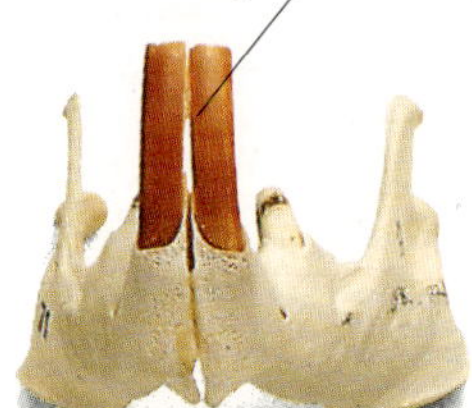

Unterkiefer eines Bibers

NACHWACHSENDE ZÄHNE
Der Biber gehört zu den Nagetieren (Ord. Rodentia, S. 9). Nager besitzen lange, meißelartige Schneidezähne, die besonders gut zum Nagen geeignet sind. Diese Zähne werden beim Nagen von Holz und anderen harten Pflanzenteilen abgenutzt. Daher müssen sie ständig nachwachsen – sonst müsste der Biber bald verhungern.

Rinde und Knospen: Nahrung des Bibers

EIN MAUL VOLL GRAS
Die Zähne des Pferds sitzen in zwei Gruppen. Die meißelförmigen Schneidezähne arbeiten mit den Lippen zusammen und reißen das Gras ab, das die großen flachen Backenzähne dann zerkauen.

Kleiner Eckzahn (nur beim Hengst)

Schneidezähne

Großer Backenzahn

Unterkiefer eines Pferds

Gras

BRECHSCHERE
Schakale gelten oft als Aasfresser, die fressen, was Löwen übrig lassen. Doch sie jagen auch selbst. Mit der für Raubtiere typischen „Brechschere" (unten) können sie Fell, Knorpel und Knochen schneiden.

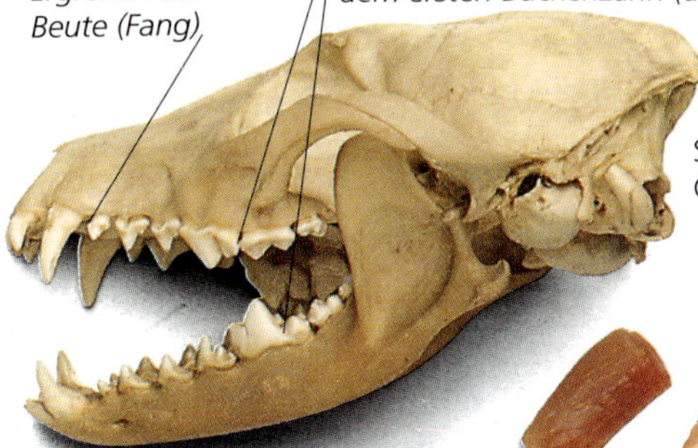

Schädel eines Goldschakals

Fleisch

ZAHNLOS
Der Langschnabeligel (Ord. Pilosa) frisst kleine Würmer und Insekten. Er hat keine Zähne, die Beute wird mittels einer klebrigen, stacheligen Zunge ergriffen und zwischen dem rauen Zungenboden und dem Gaumendach zerquetscht.

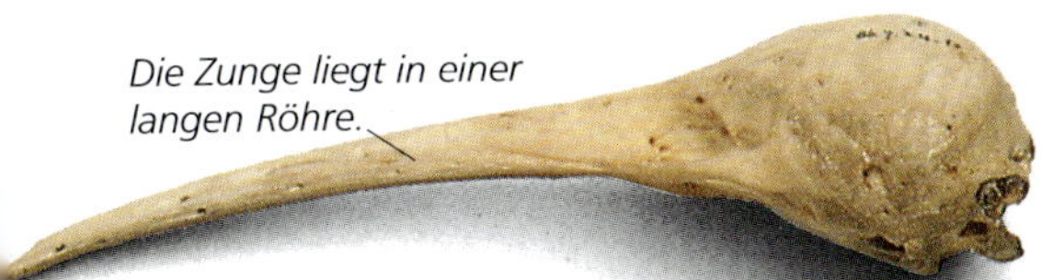

Schädel eines Langschnabeligels

UNGEWÖHNLICHES ERDFERKEL
Das in mehrfacher Hinsicht ungewöhnliche afrikanische Erdferkel kaut nicht mit seinen schmelzlosen Backenzähnen. Die mit der klebrigen Zunge gefangenen Ameisen und Termiten werden im Kaumagen zerkleinert.

Links: Ein zahnloser Tamandua (eine Ameisenbärenart) fängt Ameisen und Termiten mit der langen, klebrigen Zunge.

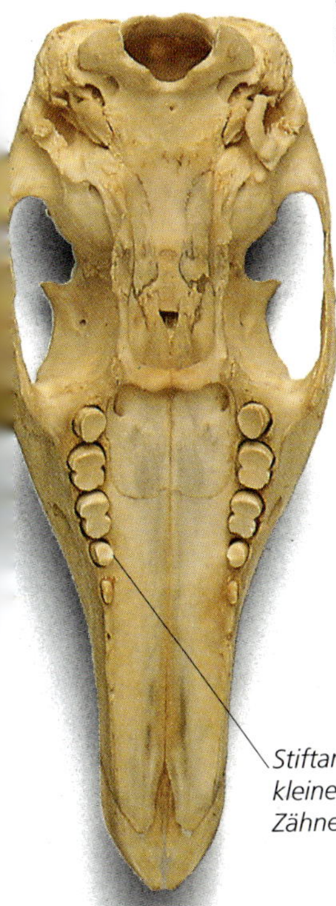

Schädel eines Erdferkels von unten

RASIERMESSERSCHARF
Mit seinen kleinen, scharfen Zähnen zerkaut der Igel seine Beute aus Raupen, Käferlarven und Käfern.

Igelschädel

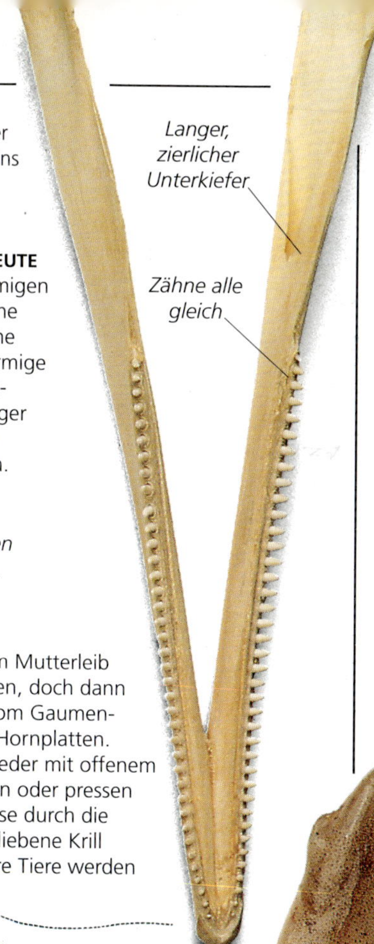

SCHLÜPFRIGE BEUTE
Im schnabelförmigen Mund der Delfine sitzen viele kleine spitze, gleichförmige Zähne zum Festhalten schlüpfriger Beute wie Fisch oder Tintenfisch.

KRILLKAMM
Bartenwalembryonen im Mutterleib haben noch Zahnanlagen, doch dann bilden sie Barten aus, vom Gaumendach herabwachsende Hornplatten. Wale schwimmen entweder mit offenem Maul durch das Plankton oder pressen das Wasser portionsweise durch die Barten. Der hängengebliebene Krill (siehe unten) und andere Tiere werden dann verschluckt.

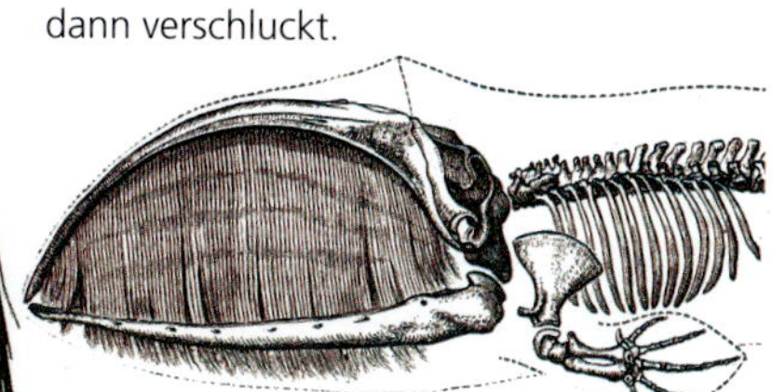

Bartenreihen eines Wals

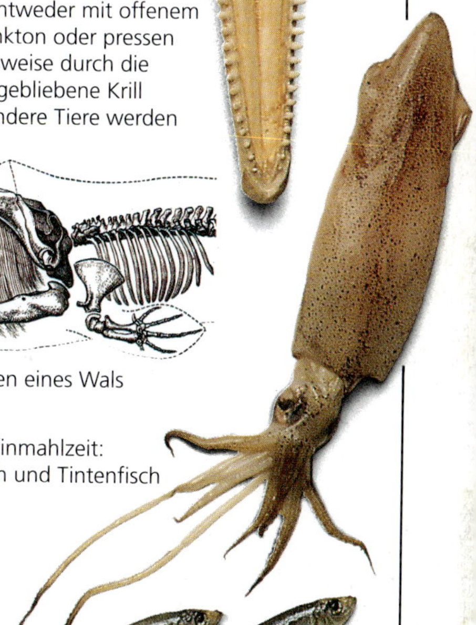

Delfinmahlzeit: Fisch und Tintenfisch

Krabbenesserschädel

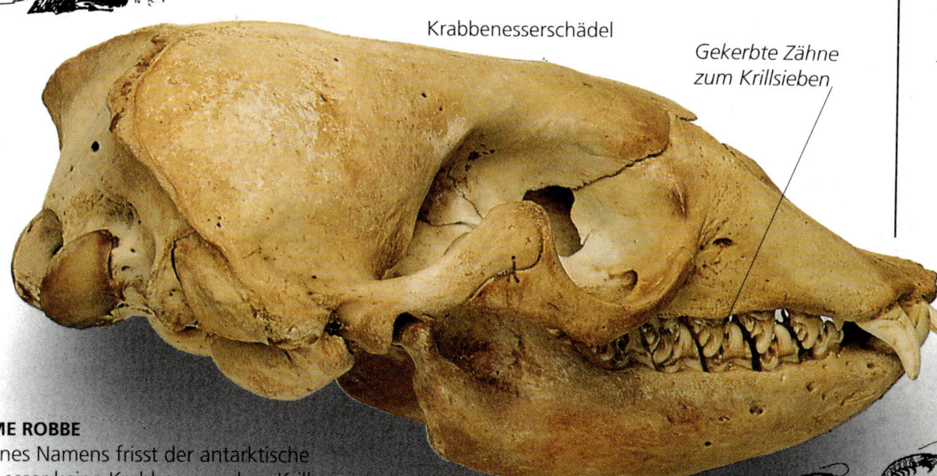

SELTSAME ROBBE
Trotz seines Namens frisst der antarktische Krabbenesser keine Krabben, sondern Krill. Anhand des Gebisses kann man sich vorstellen, wie diese Robbe kleinste Krebse aus dem Meerwasser unter dem Packeis siebt.

Krill

Vorratshaltung

Es gibt nur wenige Lebensräume, die das ganze Jahr über ein gleichmäßiges Nahrungsangebot bieten. Unsere frühen Vorfahren erkannten das – ihre Konsequenz war die Vorratswirtschaft. Vorausplanung durch Anpflanzen von Getreide und Einlagern von Früchten ließ vor etwa 10 000 Jahren den Ackerbau entstehen. Andere Säugetiere tragen wohl schon seit Jahrmillionen in guten Zeiten Vorräte für schlechte Zeiten zusammen. Samen sind dabei am beliebtesten. Sie enthalten viele Nährstoffe für den Pflanzenkeimling und sind daher auch für Tiere sehr nahrhaft. Doch eine Hand wäscht die andere – durch die Vorratshaltung dienen die Tiere auch den Pflanzen. Vergisst ein Tier die vergrabenen Vorräte, hat es zur Verbreitung der Samen beigetragen. Fleisch lässt sich schlechter bevorraten, da es leicht verdirbt. Doch einige Säuger, zum Beispiel Füchse, vergraben Fleisch, das bei einer Mahlzeit übrig bleibt. Der „schlaue Fuchs“ vergräbt nicht alles an einer Stelle. Findet ein anderes Tier einen seiner Vorratskeller, ist nicht alles für ihn verloren.

Hamstern

Der Goldhamster ist ein Nagetier (S. 9). Wie viele seiner Verwandten sammelt er Nahrung, wenn es diese im Überfluss gibt, und hamstert sie, d. h. er hortet sie in Verstecken. Die Backenhaut der Hamster ist sehr elastisch und dient als Tasche zum Transportieren von Nahrungsmitteln. Viele Säuger tragen ihre Vorräte in Backentaschen nach Hause, u. a. auch das Schnabeltier.

2 TASCHEN PACKEN Die Nüsse verschwinden schnell im Mund und werden mit der Zunge in die Backentaschen gestopft. Ab und zu schaut sich der Hamster um, ob Gefahr im Anzug ist, dann geht es weiter.

1 EIN GLÜCKLICHER FUND Auch die wilden Verwandten des als Haustier gehaltenen Goldhamsters wie z. B. der Feldhamster aus Osteuropa und Mittelasien hamstern in ihre Backen. Dieser glückliche Hamster hat einen Haufen Nüsse gefunden.

PAKATASCHEN
Das Paka, ein nachtaktives, etwa dackelgroßes Nagetier, lebt im nördlichen Südamerika. Von den runden, schüsselförmigen Backenknochen nahm man früher an, dass sie dem Nahrungstransport dienten. Die genaue Funktion ist nicht geklärt. Nach einer Theorie verstärken die Knochentaschen den Ruf des Pakas.

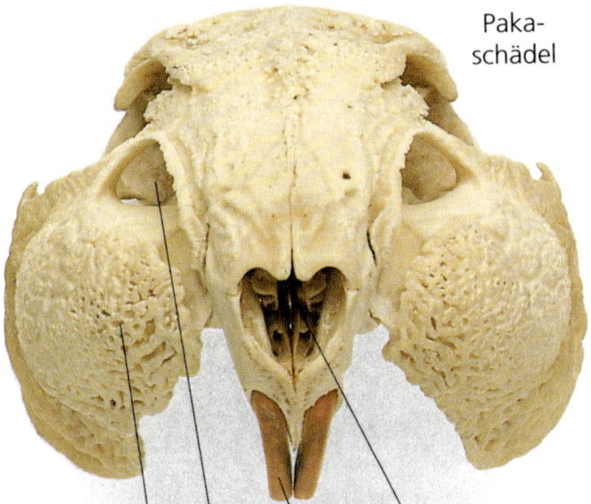

3 VOLL GEPACKT
Nun hat er richtige Hamsterbacken – alle Nüsse sind eingepackt. Jetzt wird es Zeit für ein so kleines, relativ wehrloses Tier, von der Bildfläche zu verschwinden.

4 VON DER BACKE IN DEN BAU
Zu Hause, im sicheren Bau, packt der Hamster seine Taschen aus. Mit den Vorderpfoten werden die Nüsse aus den Backen geschoben, in die unterirdische Speisekammer. Bei Hamstern in freier Natur hat man schon Vorratsmengen von über 60 kg Nüssen und anderen Nahrungsmitteln gefunden (das entspricht dem Gewicht eines erwachsenen Menschen).

Nahrungsreserven

In Anpassung an ein schwankendes Nahrungsangebot haben Säugetiere die verschiedensten Methoden entwickelt, Energie und Nährstoffe zu speichern, sei es als Vorratslager oder als Körperfett.

MAHLZEIT IM BAUM
Ein Leopard kann z. B. eine Impala nicht auf einmal verzehren und hebt Reste oft in Baumkronen auf, außer Reichweite hungriger Hyänen.

BAUMVERSTECK
Der Rotfuchs vergräbt überschüssiges Fleisch und kehrt später zum Versteck zurück. Doch manchmal findet ein anderes Tier die Stelle oder der Fuchs vergisst, wo er den Vorrat vergraben hat.

WINTERWÄRME UND ENERGIE
Die Haselmaus frisst gierig die Früchte des Herbstes. Dabei legt sie unter der Haut Fettspeicher als Energiereserven für ein halbes Jahr Winterschlaf an.

Ein gemütliches Nest

Zwergmausnest in Getreidehalmen

Im Tierreich gibt es zahlreiche nestbauende Arten. Vogelnester kennt jeder und auch Ameisennester und Termitenbauten sind vielen ein Begriff. Doch es gibt auch eine ganze Reihe von Säugetieren, die Nester bauen, im Freien oder in unterirdischen Gängen und Höhlen (S. 56). Zu diesen nestbauenden Säugern gehören unsere Eichhörnchen, die nordamerikanischen Packratten, die afrikanischen Klettermäuse und die australischen Nasenbeutler. Einer der außergewöhnlichsten Nestbauer ist der Kurznasen-Beuteldachs, ein etwa kaninchengroßer australischer „Ureinwohner“. Dieses wie eine Kreuzung aus Springmaus, Spitzmaus und Känguru aussehende Tier baut ein bis zu 0,5 Meter hohes Hügelnest aus trockenen Zweigen, Gräsern, Blättern, manchmal mit Erde oder Steinen vermischt. Das Nest ist dem umgebenden Erdboden täuschend ähnlich angepasst, Ein- und Ausgänge werden vom Nestinhaber immer geschickt verschlossen. Aufgrund der Verfolgung durch den Menschen sind Nasenbeutler heute sehr selten geworden.

EICHHÖRNCHENKOBEL

Bei einem Waldspaziergang im Winter kann man unter Umständen fußballgroße Zweignester in Astgabeln erkennen: Kobel, die Nester von Eich- und Grauhörnchen. Viele sind verlassen, weil sie zu alt sind oder als leichter gebaute Sommernester nur im Sommer bewohnt werden. Doch einige Kobel beherbergen ein Eichhörnchen, das vielleicht ein Nickerchen macht. Eichhörnchen sind auch im Winter aktiv (meist um die Mittagszeit) und können nur wenige Tage ohne Futter auskommen. Im Winterkobel halten sie sich nachts und bei sehr schlechtem Wetter auf. Kobel bestehen aus Ästen und z. T. noch belaubten Zweigen und sind mit Rinde, Gras und anderem Polstermaterial ausgelegt. Der abgebildete Kobel hat einen Durchmesser von etwa 45 cm, die Innenkammer von etwa 30 cm, und ist von einem Grauhörnchen bewohnt. Diese Art wurde aus Amerika in England eingebürgert und hat dort das rote Eichhörnchen fast völlig verdrängt.

STROHMATRATZE

In freier Natur graben die kleinen Wüsten bewohnenden Rennmäuse Erdbauten zum Schutz vor Hitze und Trockenheit. Diese legen sie mit zerschlissenen Pflanzenteilen aus. In Gefangenschaft ermöglicht der Käfig zwar meist kein Graben, aber die Auspolsterung des Nests wird umso sorgfältiger vorgenommen.

Mögliche Kobelbaumaterialien

ERSTER TAG
Dieses Stroh wurde zwei Rennmäusen vor dem Aufwachen am Abend in den Käfig gelegt.

ZWEITER TAG
Eine Nacht lang Häckseln mit den Zähnen, und das Nest ist fast fertig.

DRITTER TAG
Weiteres Häckseln ließ ein bauschiges Nest entstehen.

WORAUS BESTEHT EIN KOBEL?

Grauhörnchen benutzen fast alles als Baumaterial. In Städten bauen sie auch Müll, z. B. Plastiktüten, Trinkhalme und Zeitungspapier in ihre Kobel ein.

In der Mitte durchgeschnittener Grauhörnchenkobel

Leben unter der Erde

Prärie, Pampas, Savanne, Steppe und andere Graslandschaften sind die Lebensräume grabender Säuger. Da andere Verstecke meist fehlen, suchen die Tiere unter der Erde Zuflucht. Nordamerikanische Präriehunde und Erdhörnchen, südamerikanische Viscachas und Maras, afrikanische Wurzelratten und Maulwurfsratten, asiatische Ziesel und Rennmäuse legen ausgedehnte Gangsysteme im Boden an. Unter der Erde können sie vor Feinden sicher und vor Sonne und Wind geschützt schlafen und ihre Jungen aufziehen. Doch die meisten dieser Tiere sind Pflanzenfresser und verlassen ihren Bau, um Nahrung zu suchen. Besser an das Leben unter Tage angepasste Säuger, wie die blinden Maulwurfsratten, ernähren sich von Wurzeln, Knollen, Zwiebeln und anderen unterirdischen Pflanzenteilen. So können sie ständig unter der Erde bleiben. Und schließlich gibt es noch Insektenfresser wie die Maulwürfe.

VORDEREINGANG UNTER WASSER
Das Schnabeltier zieht sich nach dem Fressen in einen mehrere Meter langen Bau am Ufer zurück. Wenn das Weibchen den noch längeren Brutbau zum Gebären aufsucht, verschließt es die Gänge mehrfach mit Erde, um Kälte, Wasser und Eindringlinge abzuhalten. Am Ende des Gangs legt das Weibchen die Eier in ein mit Gras ausgelegtes Nest (S. 31).

SCHNEEHÖHLE
Im arktischen Winter gräbt die Eisbärenmutter eine Höhle in eine Schneewehe und bringt einen Monat später ihre Jungen zur Welt, die sie nun drei Monate lang säugt und beschützt. Im Frühling verlässt die Familie ihr Winterlager – die Jungen gut genährt und pummelig, die Mutter abgemagert und hungrig, gierig auf den ersten Fisch oder Seehund nach vier Monaten.

UNTERM MAULWURFSHAUFEN
Das bei uns bekannteste grabende Tier ist der Europäische Maulwurf, der fast sein ganzes Leben unter der Erde verbringt. Ein paar frisch aufgeworfene Erdhügel auf einer Wiese sind die einzigen Anzeichen eines verzweigten Systems unterirdischer Gänge und Kammern, etwa 1 m tief und 100 m lang. Die Ausdehnung des Gangsystems hängt hauptsächlich von der Bodenqualität ab. In fruchtbarem Weideland mit vielen Würmern und Insekten muss ein Maulwurf weniger graben als in ärmeren Sandböden. Der Maulwurf durchläuft alle drei bis vier Stunden seine Jagdgänge und erbeutet Kleintiere, die aus dem Boden oder von außen hereingekrochen sind.

SCHLÜSSEL ZUM MAULWURFSBAU

1 Die Burg: kein gewöhnlicher Maulwurfshaufen, sondern der größere, ständig vorhandene Hügel über dem Hauptnest.

2 Das Nest: Das Weibchen bringt im Frühjahr bis zu vier rosa Junge in einem mit Gras, Blättern und anderem weichen Polstermaterial ausgelegten Nest zur Welt.

3 Die Maulwurfsmutter: Das Sammeln von Nestmaterial ist ein Grund für die gefährlichen, meist nächtlichen, oberirdischen Ausflüge des Maulwurfs.

4 Oberflächengang: Manche Gänge verlaufen knapp unter der Erdoberfläche.

5 Freund oder Feind?: Maulwürfe sind Einzelgänger. Fremde werden in der Regel verjagt – nur im zeitigen Frühjahr nicht, denn es könnte dann ja ein Geschlechtspartner sein.

6 Nahrungsspeicher: Maulwürfe beißen Würmern die Köpfe ab und lagern sie dann in einer unterirdischen Vorratskammer ein, besonders im Herbst.

7 Quertunnel: Die Gänge verlaufen in allen Richtungen.

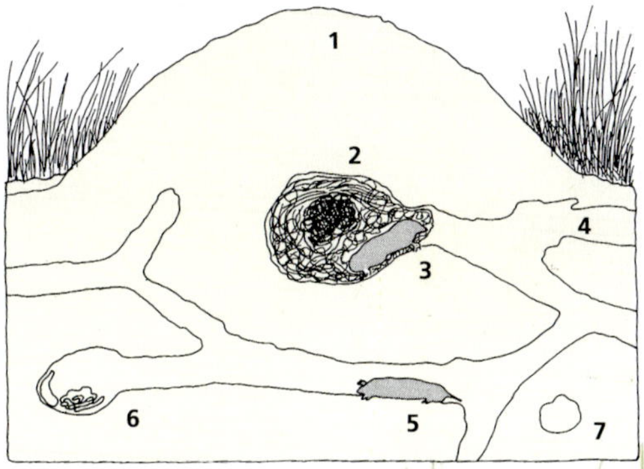

Wie viele Zehen?

Die ersten Säugetiere gingen auf allen vieren und hatten Pfoten mit je fünf Zehen. Heute gibt es fast alle erdenklichen Abwandlungen des Grundbauplans. Das Pferd ist ein Zehenspitzengänger und besitzt nur eine Zehe pro Fuß. Andere Säuger wie Spitzmäuse haben noch fünf Zehen. Ein Tier mit langen Beinen ist meist ein guter Läufer, kurze Beine deuten auf Kraft, eventuell auf Grabfähigkeit hin. Gazellen und Antilopen besitzen besonders schlanke Beine und sind daher sehr schnell. Zehen und Beine bilden bei Robben Flossen, bei Fledermäusen Flügel. An den Zehenspitzen können Krallen, Nägel, Hufe, fleischige Kuppen oder andere Strukturen sitzen.

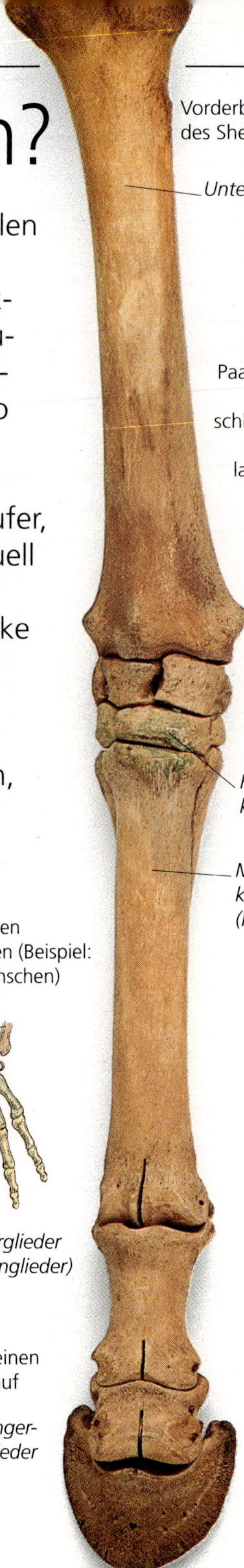

Vorderbeinknochen des Shetlandponys

Vorderbeinknochen einer Sömmeringgazelle

PAARHUFER
Gazellen sind Paarhufer (S. 10), die mit ihren schlanken Beinen sehr schnell laufen können.

Vorderbeinknochen des Flachlandtapirs

VERSCHWINDENDE ZEHE
Der Tapir, ein Unpaarhufer wie das Pferd (S. 10), läuft auf drei Zehen. Die Vorderbeine haben noch vier Zehen, die vierte ist jedoch verkümmert und berührt den Boden nur noch auf sehr weichem Untergrund.

FÜNFZEHER
Der Grundbauplan einer Säugerextremität weist fünf Finger oder Zehen auf, wie es bei Nagern, Primaten (auch bei uns) und Raubtieren der Fall ist. Bei den Huftieren ist die Zehenzahl reduziert. In den Abbildungen sind sich entsprechende Knochen mit der gleichen Farbe markiert (die Namen in Klammern beziehen sich auf Fuß- bzw. Unterschenkel).

Schlüssel zu den Knochenfarben (Beispiel: Hand des Menschen)

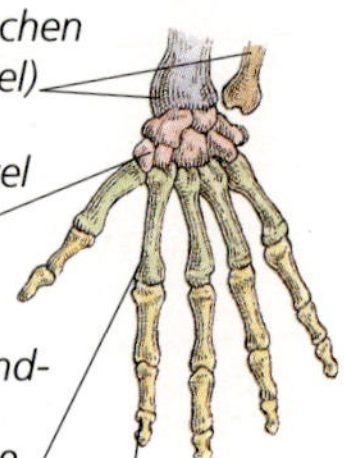

IM INNEREN DES HUFS
Der Huf des Zebras besteht aus einer harten schützenden Hornsubstanz. Zwischen Huf und Zehenknochen liegt ein stoßdämpfendes Fettpolster (Sohlenpolster).

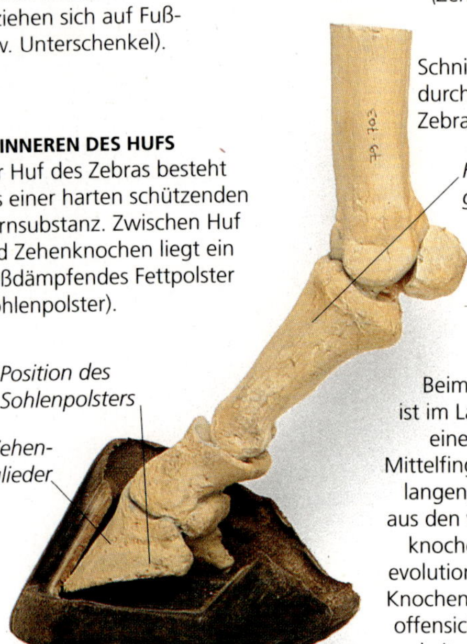

Schnitt durch einen Zebralauf

SCHWIELENSOHLER
Das Kamel, auch ein Paarhufer, besitzt große federnde Sohlenpolster, die das „Wüstenschiff" sicher über den Sand tragen.

UNPAARHUFER
Beim schlanken Lauf des Pferds ist im Lauf der Evolution nur noch eine Zehe übrig geblieben, der Mittelfinger (Fessel). Dieser sitzt am langen, dicken Kanonenbein, das aus den verwachsenen Mittelhandknochen entstand. In der Pferdeevolution war die Verringerung der Knochen-, Muskel- und Gelenkzahl offensichtlich von Vorteil. Leichtigkeit und Kraft geben dem Pferd seine Schnelligkeit.

SOHLENGÄNGER
Klippschliefer besitzen elastische Hautkissen auf der Fußunterseite und flache Nägel, nur der „Putzstriegel" der inneren freien Hinterfußzehe ist krallenartig.

KILLERKRALLEN
Spitze, rückziehbare Krallen zeigen, dass dieses Fußskelett einem Mitglied der Katzenfamilie gehört. Es handelt sich um den Fuß einer Hauskatze. Die Krallen dienen zum Klettern und zum Beuteschlagen. Katzen sind Zehengänger.

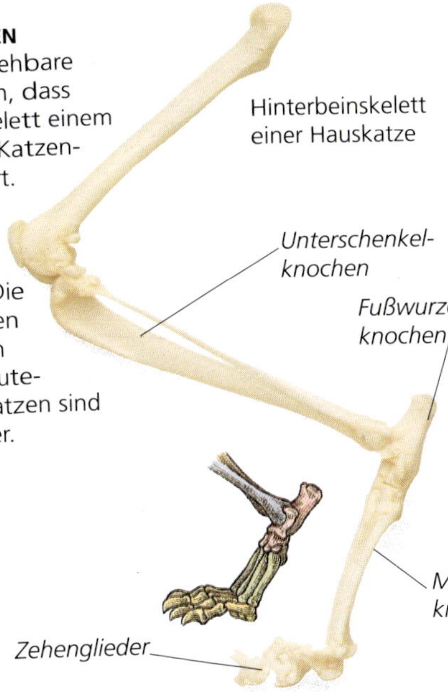

Hinterbeinskelett einer Hauskatze

PLATTFÜSSIGER GRÄBER
Im Vergleich zum Katzenfuß ist der des Grävings oder Europäischen Dachses kräftiger. Der breite Fuß mit den noch breiteren Nägeln ist ein gutes Werkzeug zum Graben und Scharren. Dachse sind Sohlengänger.

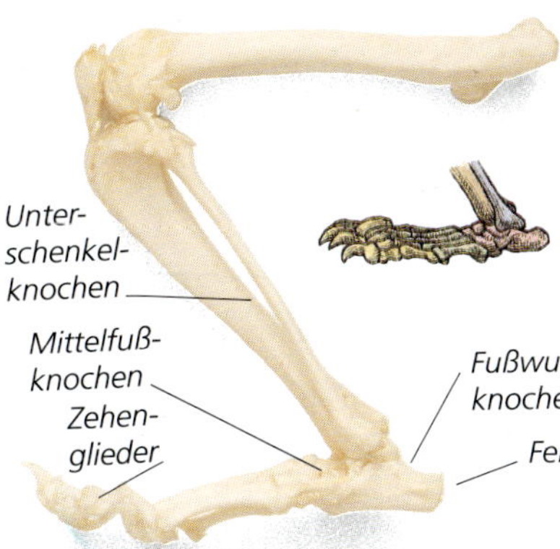

Hinterbeinknochen des Europäischen Dachses

FUSS EINES RIESEN
Der riesige Elefant benötigt auch riesige Füße zum Tragen seines Gewichts. Ein dickes, elastisches Fußpolster umgibt die Zehen und verteilt das Gewicht gleichmäßig auf eine große Fläche (S. 61).

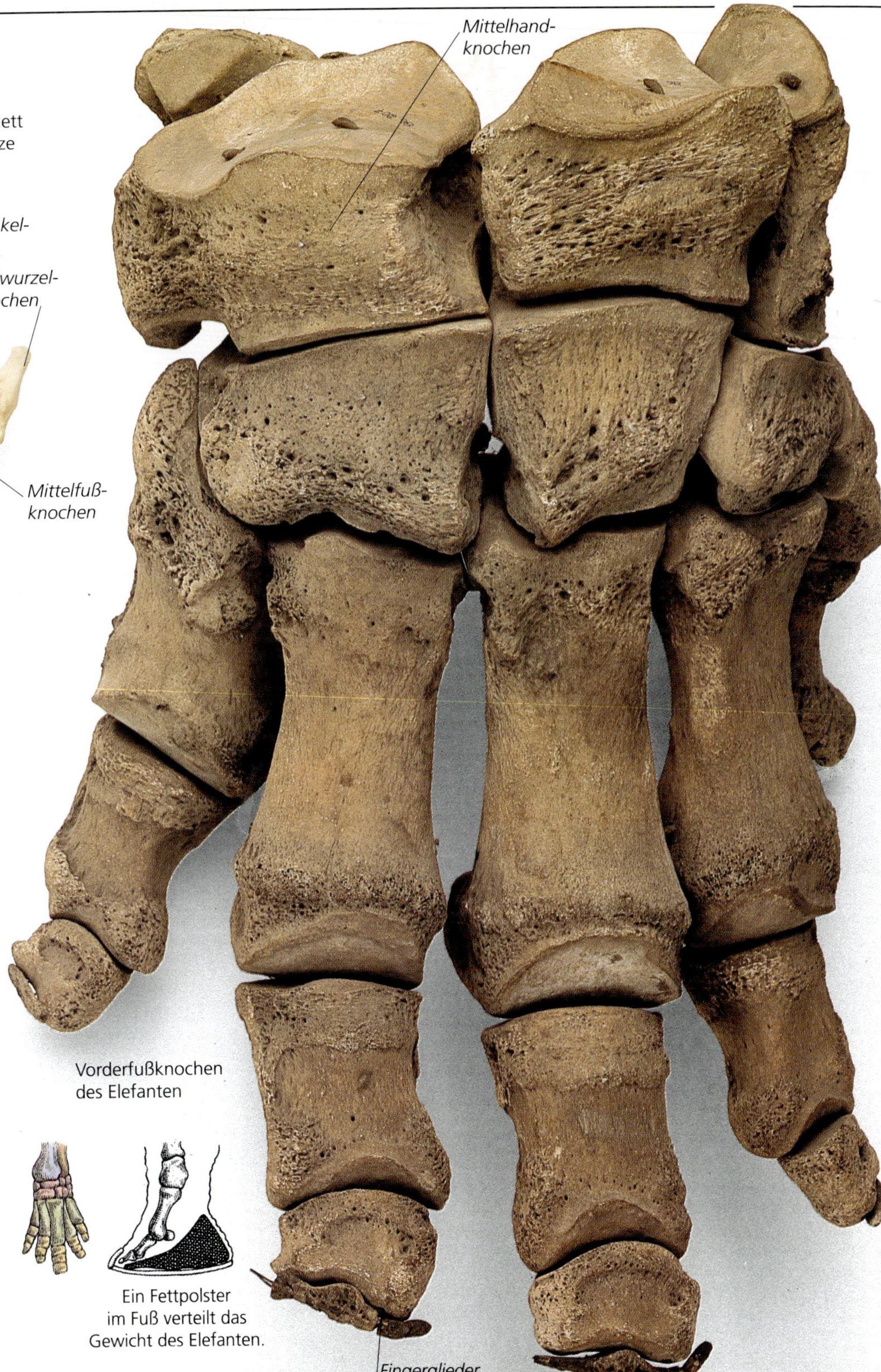

Vorderfußknochen des Elefanten

Ein Fettpolster im Fuß verteilt das Gewicht des Elefanten.

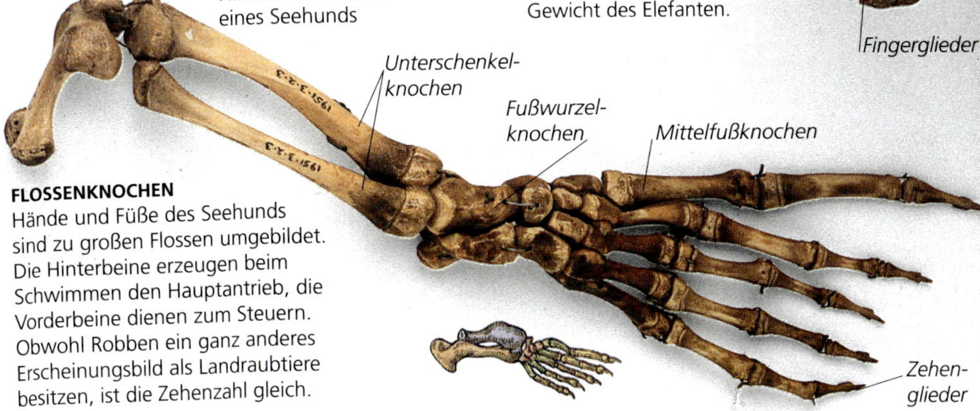

Hinterbeinknochen eines Seehunds

FLOSSENKNOCHEN
Hände und Füße des Seehunds sind zu großen Flossen umgebildet. Die Hinterbeine erzeugen beim Schwimmen den Hauptantrieb, die Vorderbeine dienen zum Steuern. Obwohl Robben ein ganz anderes Erscheinungsbild als Landraubtiere besitzen, ist die Zehenzahl gleich.

Die Kegelrobbe benutzt ihre Flossen zum Schwimmen.

Spuren

Hauskatze

Bei einem Spaziergang durch die Natur können wir viele Tiere beobachten. Vögel fliegen durch die Luft, Insekten schwirren von Blüte zu Blüte, Fische schnappen an der Wasseroberfläche nach Futter. Doch wo sind all die Säugetiere? Mit ihren scharfen Sinnen (S. 6) nehmen sie den Menschen sehr schnell wahr und suchen das Weite. Nachttiere halten sich tagsüber ohnehin in ihren Verstecken auf und schlafen. So können wir unsere Verwandten in freier Natur nur selten beobachten. Oft sind Spuren der einzige Hinweis darauf, dass ein Tier in einem bestimmten Lebensraum überhaupt vorkommt. Spuren eines Säugetiers – das sind Fußabdrücke, Bauch- oder Schwanzschleifspuren, Nahrungsreste mit Zahnmarken, Kot, Baueingänge mit ausgeworfener Erde, Haare an Zweigen, Dornen und Zäunen oder abgeworfene Geweihe (S. 62). Die Fußspuren auf dieser Seite sind, mit Ausnahme der die Seiten umrahmenden Spuren, in natürlicher Größe abgebildet. Sie entstanden dadurch, dass man ein Tier mit Futter über ein mit ungiftiger Tinte getränktes Kissen und dann über Papier lockte. Krallenabdrücke erhält man bei dieser Methode nicht, doch in weichem Boden oder im Schnee kann man oft auch diese finden. Abstand und Tiefe der einzelnen Fußabdrücke in einer Spur erlauben uns Rückschlüsse auf die Geschwindigkeit, mit der sich das Tier fortbewegte.

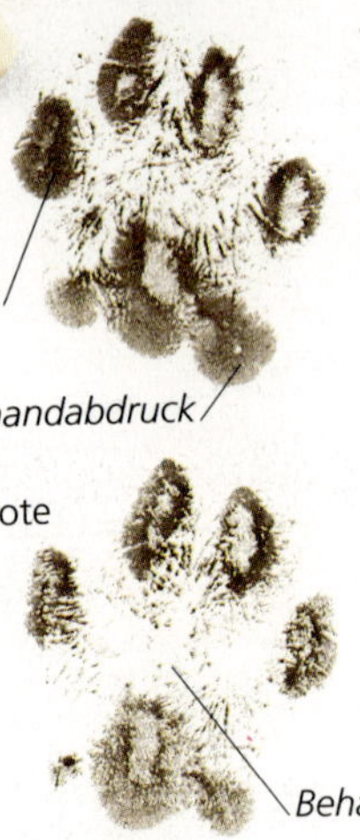

PAARHUFERABDRUCK
In weichem Boden, z. B. Schlamm, zeichnen sich Fußabdrücke, zumal bei schweren Tieren, sehr gut ab. Dieser Abdruck eines etwa 0,5 t wiegenden Büffels zeigt deutlich, dass es sich um einen Paarhufer handelt.

KATZE AUF ZEHENSPITZEN
Die Hauskatze ist ein Zehengänger (S. 59), die Zehenabdrücke liegen in einigem Abstand vom dreilappigen Ballenabdruck. Krallenabdrücke sind nicht erkennbar: Die Krallen werden nur bei Bedarf ausgefahren. Auch die Innenzehe (1. Zehe) der Vorderpfote hinterlässt keinen Abdruck, weil sie zu hoch sitzt. So erscheinen Vorder- und Hinterpfotenabdruck fast gleich.

HÄSCHEN HÜPF!
Beim Sitzen oder langsamen Hoppeln hinterlässt der Hinterlauf des Kaninchens einen länglichen Abdruck, der Vorderpfotenabdruck ist eher rund. Beim fliehenden Kaninchen ist der Unterschied geringer, da es dann nur die Spitzen der Hinterfüße aufsetzt.

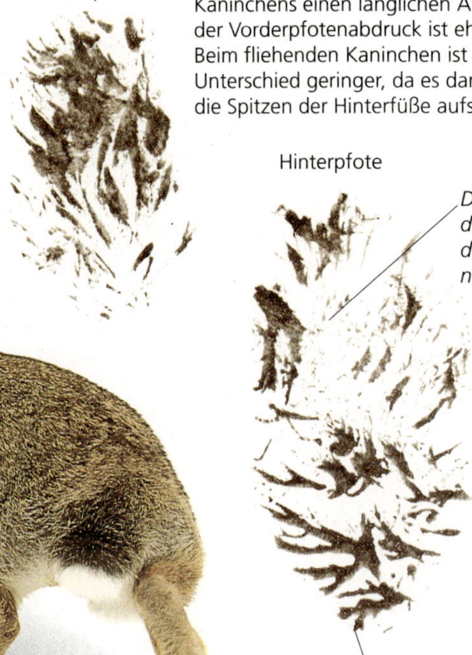

Kaninchen

Katzenspur

Kaninchenspur

Igelspur

Dachs

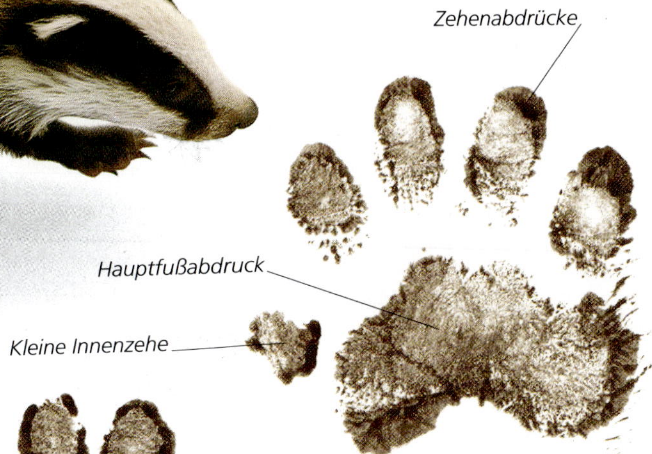

Vorderpfote

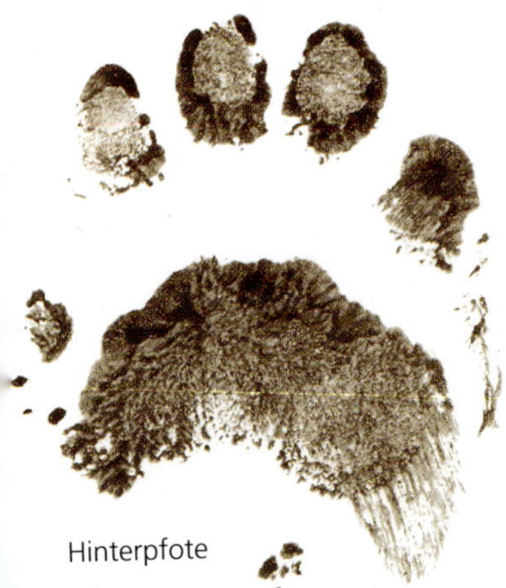

Hinterpfote

AUF GROSSEM FUSS
Der charakteristische Dachsabdruck zeigt fünf im Halbkreis angeordnete Zehen. Die innere Zehe ist kleiner und hinterlässt entsprechend einen kleinen Abdruck. Diese plump wirkenden Sohlengänger (S. 59) hinterlassen meist deutliche Spuren. Zwischen den rechten und den linken Abdrücken liegt eine weite Spreizung, da der Dachs, ein Marder, sehr breitbeinig läuft.

Igel

Vorderpfote

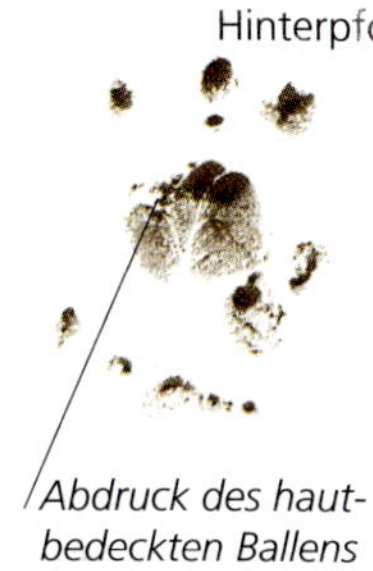

Hinterpfote

Rattenspur

KEIN GROSSER ZEH?
Der fünfzehige Igel hinterlässt meist vierzehige Fußabdrücke, da die kleinere Innenzehe (1. Zehe) vom Boden abgespreizt wird. Wie der Dachs läuft dieser kleine Sohlengänger breitbeinig: Die Spreizung zwischen linken und rechten Abdrücken beträgt etwa 5 cm. Die Zehen der Vorderpfoten sind stärker gespreizt als die der Hinterpfoten.

HÄUFIGE SPUREN: FUCHS ODER HUND?
Die Spuren der beiden Zehengänger Rotfuchs und Hund kann man leicht verwechseln. Doch die etwas längeren und schmaleren Krallen des Fuchses sind meist zu erkennen. Außerdem sind die Zehenabdrücke beim Fuchs verhältnismäßig kleiner und weiter von der Abdruckmitte entfernt. Die deutlich erkennbare Behaarung zwischen Zehen und Fersen „verwischt" im Winter die Umrisse des Abdrucks und lässt kaum noch Zehen- und Fersenabdrücke erkennen. Beim Laufen setzt der Fuchs das Hinterbein immer in den Vorderpfotenabdruck der jeweiligen Körperseite.

HINTERLÄSST KAUM SPUREN
Es mag überraschen, aber das schwerste Landtier, der Elefant, hinterlässt kaum Spuren. In weichem Boden hinterlässt er große runde Stapfen (oben), doch auf sandigem Boden verteilen die elastischen Fußpolster (S. 59) das Gewicht so gut, dass die Spuren kaum erkennbar sind.

Vorderpfote

Hinterpfote

Rotfuchs

DER RATTE AUF DER SPUR
Ratten und Mäuse sind zu klein und zu leicht, um deutliche Spuren zu hinterlassen, es sei denn in dünnem Schnee oder im Staub. Die Zehen sind gespreizt, die Krallen manchmal erkennbar. Wie andere Säuger hinterlassen sie mit Schweißdrüsen an den Fußsohlen Geruchsspuren, Ratten außerdem fettige Schmierspuren auf häufig benutzten Pfaden in Gebäuden.

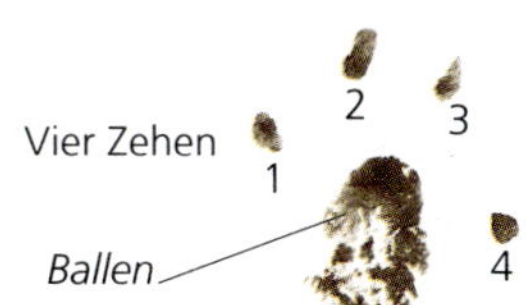

Vorderpfote

Hinterpfote

Wanderratte

Fuchsspur

Indianische Jäger verlassen sich auf ihre Fährtenkenntnis.

Der Säugetierdetektiv

Für die meisten Menschen ist der Kontakt zur Natur heute auf Garten oder Park und gelegentliche Waldspaziergänge beschränkt. Die mangelnde Vertrautheit mit der Natur macht in gewisser Weise „blind“: Wir wissen gar nicht, worauf wir bei einem Spaziergang achten können, wenn wir die Natur „entdecken“ wollen. Bei Naturvölkern ist das anders, sie können uns hier als Vorbild dienen. Noch so geringe Fraß- oder Kotspuren werden sofort entdeckt und zugeordnet. Das ist wichtig – es könnte eine Spur sein, deren Verfolgung Fleisch zum Essen, Knochen für Werkzeuge und Waffen und Felle für Zelte und Kleidung einbringt. Doch jeder kann Säugetierdetektiv spielen, vorausgesetzt, es ist ihm einige Zeit und Mühe wert.

Dauerhafte Knochen

Knochen, Zähne, Hörner, Geweih und andere harte Teile von Säugern bleiben erhalten, wenn Haut, Muskeln und Organe schon lange verwest sind. Dem geübten Auge verrät ein Riss oder eine Kerbe an einer bestimmten Stelle, woran ein Tier gestorben ist. Abgenutzte Zähne lassen auf ein altes Tier und die Todesursache Altersschwäche oder Krankheit schließen.

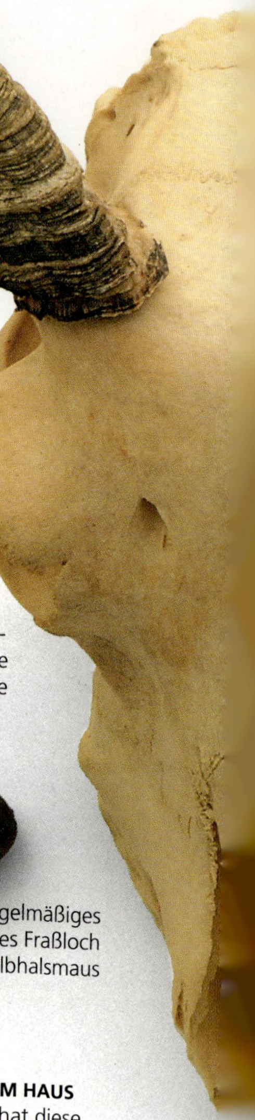

GEHÖRNT
Der Hirnschädel dient dem Schutz des darin liegenden Gehirns. Selbst dieser alte Schafschädel ist noch intakt. Kleine Aasfresser krabbelten in die Hirnkapsel und fraßen sie sauber.

Exkremente

Viele Säugetiere haben regelrechte „Toiletten“. Außerdem wird Kot oft zur Markierung von Reviergrenzen verwandt, so auch beim Fischotter.

Kaninchenkot

KANINCHENKITTEL
Kaninchen benutzen Kot zur Markierung der Reviergrenzen.

Rehlosung

REHLOSUNG
Rehe fressen nährstoffarme Pflanzennahrung und geben daher auch viel Kot ab.

NAGESPUREN
Eichhörnchen knabbern die Schuppen von Kiefernzapfen ab, um an die Samen zu gelangen.

Eichhörnchen-Fraßspuren

Rundes Fraßloch einer Haselmaus

Von einem erwachsenen Eichhörnchen gespaltene Nuss

NUSSKNACKER
Die harte Schale der Haselnuss ist schwer zu knacken, doch der wohlschmeckende Kern ist die Mühe wert. Die Methode eine Nuss zu knacken, ist arttypisch.

Unregelmäßiges seitliches Fraßloch einer Gelbhalsmaus

Fraßspuren

Nagetiere nagen – wie der Name schon sagt – besonders gut. Sie benagen selbst Dinge, die sie nicht fressen wollen, mit ihren meißelförmigen Nagezähnen (S. 50).

Von einer Ratte angeknabberte Schneckenhäuser

SCHNECKE AUS DEM HAUS
Eine Wanderratte hat diese Strandschneckengehäuse aufgeknabbert und die Schnecken gefressen.

Von einem Nager angeknabbertes Elektrokabel

STROMAUSFALL·
Ratten und Mäuse nagen auch an Elektroleitungen, um herauszufinden, was innerhalb der Isolierung liegt. Dabei bekommen die Tiere manchmal einen tödlichen Stromschlag. Oft wurden dadurch schon Kurzschlüsse und Brände ausgelöst.

Unterkiefer eines Nagers – lange Schneidezähne

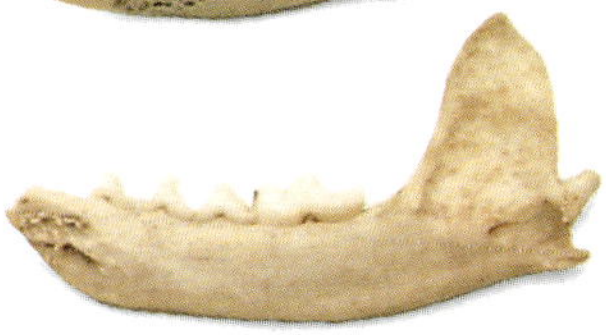

Unterkiefer eines Raubtiers – Reißzahn

Pflanzenfresserzahn – flache Kaufläche

ZÄHNE ZUM ZÄHNEAUSBEISSEN
Kiefer und Zähne werden selten gefressen, da die Zähne zu hart sind und tief im Kieferknochen wurzeln.

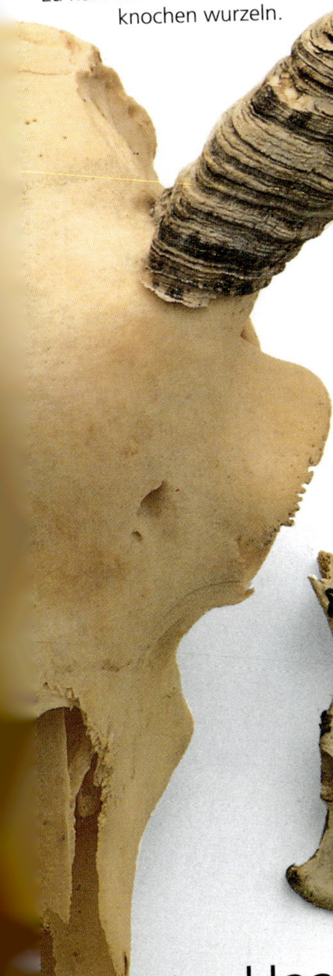

WEISSER WIRBEL
Vom Meerwasser gebleicht wurde dieser Pelzrobbenwirbel an die passend benannte Skelettküste im südwestafrikanischen Namibia gespült. Das Salzwasser hat weichere Substanzen aus den Knochen gelöst, sodass der innere Aufbau erkennbar ist.

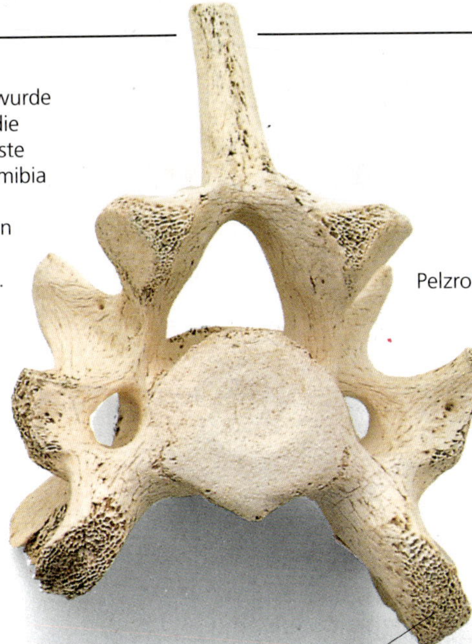

Pelzrobbenwirbel

Kanäle im Knochen erkennbar

NATÜRLICHER TOD?
Bis zu 50 % der Füchse sterben durch Verkehrsunfälle. Diese Knochen aus der Nähe einer Hauptverkehrsstraße stammen vielleicht von einem angefahrenen Fuchs, der sich hierher schleppte und starb.

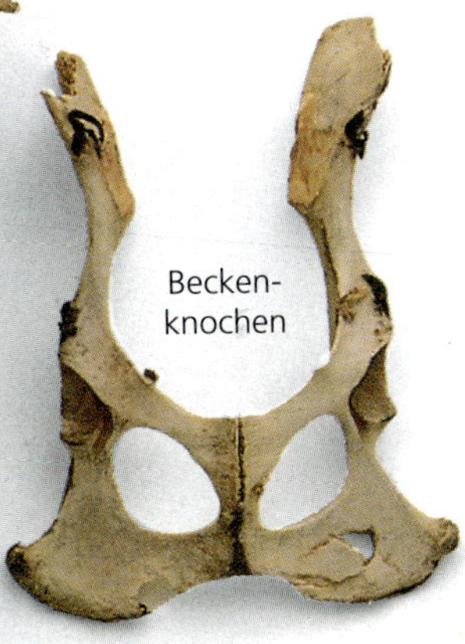

Beckenknochen

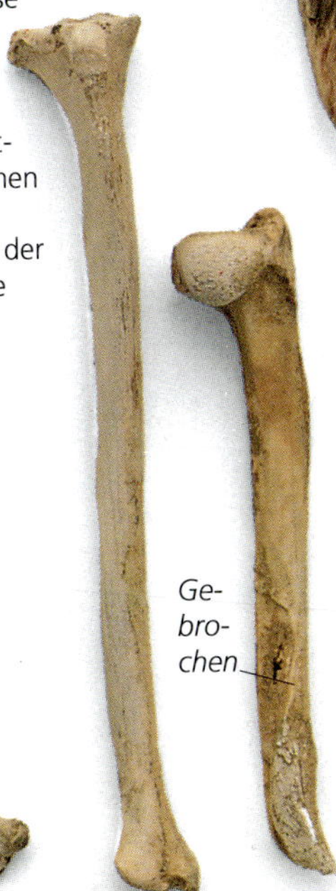

Gebrochen

Beinknochen

ABWURF
Hirsche werfen ihr Geweih jedes Jahr ab, es wächst ein neues. Der Rehbock benutzt sein „Gehörn" im Duell mit anderen Männchen (S. 26) und reibt es im Sommer zur Reviermarkierung an Bäumen.

EIN HAUFEN FLÜGEL
Insektenflügel deuten auf einen Fledermausschlafplatz hin. Fledermäuse fressen gern Nachtfalter, doch die trockenen Flügel lassen sie übrig.

Rehbockgeweih

Ansatzstelle des Geweihs am Schädelknochen

Haare am Zaun

Stacheldraht ist das künstliche Äquivalent eines Dorngestrüpps. Vorbeistreifende Tiere lassen hier oft Haare. Die Höhe, in der die Haare hängen, und die Größe des Durchschlupflochs sind ebenso gute Hinweise auf die Art wie Fellfarbe und -beschaffenheit.

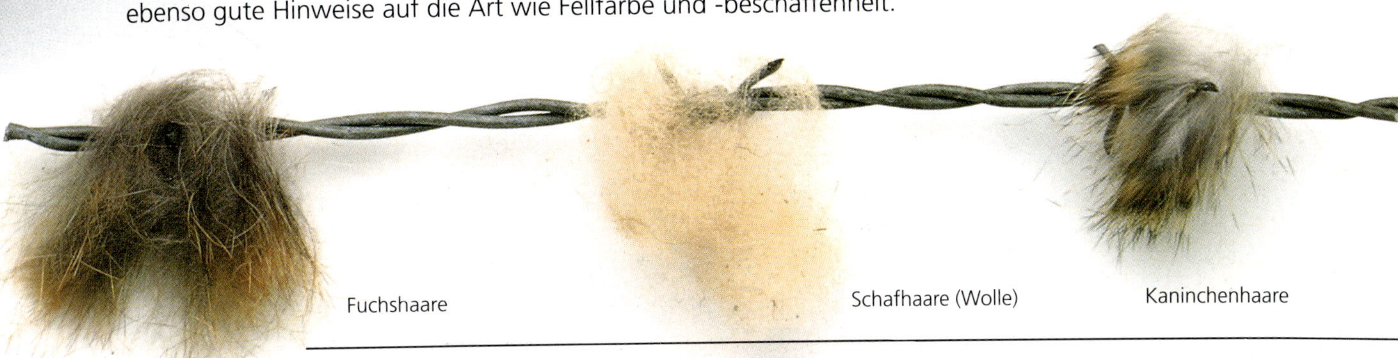

Fuchshaare

Schafhaare (Wolle)

Kaninchenhaare

Wusstest du das?

Erstaunliche Fakten

Das am weitesten verbreitete Säugetier ist der Mensch. Und da ihm die Hausmaus (*Mus musculus*) überall hin gefolgt ist, ist sie das zweithäufigste Säugetier.

Ein neugeborenes Känguru ist im Durchschnitt nur 2,5 cm lang.

Die ersten Säugetiere erschienen vor etwa 200 Mio. Jahren. Es waren kleine Insektenfresser, ähnlich unserer heutigen Spitzmaus. Zu dieser Zeit beherrschten Dinosaurier die Erde. Säugetiere überlebten deshalb, weil sie als Warmblüter nachts auf die Jagd gehen konnten, wenn es für sie sicherer war.

Den ersten Zoo gründete der chinesische Kaiser der Zhou-Dynastie um 1100 v. Chr.

Spitzmaus

Das Gürteltier und das Schuppentier tragen als einzige Säugetiere reptilienartige Schuppen.

Das Gebrüll eines ausgewachsenen Löwen ist bis zu 8 km weit zu hören. Damit vertreiben die Tiere Eindringlinge oder versammeln ihr Rudel.

Fledermäuse sind die einzigen fliegenden Säugetiere.

Die nordamerikanische Wiesenwühlmaus (*Microtus pennsylvanicus*) wirft bis zu 17-mal pro Jahr, und mit jedem Wurf bringt sie 6–7 Junge zur Welt. Damit ist sie Rekordhalter unter den Säugetieren.

Die größte Entfernung unter Wasser legt der Grauwal zurück: Er wandert jährlich 20 000 km von den Brutgebieten vor Mexiko bis zu den Sommernahrungsgebieten im Beringmeer.

Es gibt 233 Primatenarten, deren Größe beträchtlich variiert. Ein ausgewachsener männlicher Gorilla bringt bis zu 200 kg auf die Waage, während das männliche Zwergseidenäffchen (*Cebuella pygmaea*) nur 140 g wiegt.

Delfine ruhen sich nachts knapp unter der Wasseroberfläche aus, bleiben aber immer in Bewegung.

Tiger sind die einzigen vollständig gestreiften Säugetiere.

Eine Ratte kommt länger ohne Wasser aus als ein Kamel.

Der Gepard ist mit 100 km/h das schnellste Säugetier an Land – allerdings nur auf kurzer Strecke. Der Gabelbock (*Antilocapra americana*) kann eine Geschwindigkeit von 30 km/h über mehrere Kilometer halten.

Alle Heimtier-Goldhamster stammen von einem einzigen Weibchen ab, das 1930 in Syrien mit ihren 12 Jungen gefunden wurde.

Ein Pottwal frisst 1 t Tintenfische täglich.

Der Blauwal (*Balaenoptera musculus*) ist das größte Säugetier und sogar das größte Tier, das jemals gelebt hat. Er wird bis zu 33 m lang und 200 t schwer. Allein sein Herz ist so groß wie ein Kleinwagen, und 50 Menschen könnten auf seiner Zunge stehen. Unter allen Lebewesen an Land wie im Wasser hat er den größten Kopf. In der Speiseröhre hätte ein ganzer Mensch Platz.

Nur Hauskatzen können ihren Schwanz beim Gehen senkrecht nach oben strecken. Wildkatzen halten ihn eher waagerecht oder klemmen ihn zwischen die Beine.

Gepard

Fragen und Antworten

Rekordverdächtig

KLEINSTES SÄUGETIER AN LAND
Es ist ein Kopf-an-Kopf-Rennen der Schweinsnasenfledermaus (*Craseonycteris thonglongyai*) mit 2,5 cm Länge und 1,6 g Gewicht und der Etruskerspitzmaus (*Suncus etruscus*), die 3,8 cm lang wird und 1,5 g wiegt.

SCHWERSTES GEHIRN
Der Pottwal besitzt das schwerste Gehirn. Mit etwa 9 kg wiegt es etwa viermal so viel wie das des Menschen.

KLEINSTES SÄUGETIER IM WASSER
Das kleinste wasserlebende Säugetier ist der Commerson-Delfin (*Cephalorhynchus commersonii*). Er wird durchschnittlich 1,25 m lang und wiegt 35–60 kg.

LÄNGSTE LEBENSERWARTUNG
Unter den Säugetieren lebt der Mensch am längsten. An zweiter Stelle folgt der Asiatische Elefant: Das älteste bekannte Tier wurde 78 Jahre alt.

F Welches Säugetier hat die längste Tragzeit?

A Der Asiatische Elefant (*Elephas maximus*): Seine Tragzeit dauert 22 Monate. Opossums haben die kürzeste Tragzeit: Nach 12–13 Tagen kommen die Jungen auf die Welt.

F Welches Säugetier taucht am tiefsten?

A Der Pottwal: Er taucht bis zu 3 km tief. Der Nördliche See-Elefant (*Mirounga angustirostris*) dringt in bis zu 1,5 km Tiefe vor.

Nördliche See-Elefanten

F Gibt es wechselwarme Säugetiere?

A Säugetiere sind eigentlich Warmblüter. Aber es gibt interessante Ausnahmen: Der Nacktmull (*Heterocephalus glaber*) lebt in den Halbwüsten Somalias, Äthiopiens und Kenias. Dort kann er seine Körpertemperatur nicht konstant halten – sie variiert je nach Umgebungstemperatur. Daher sind Nacktmulle praktisch wechselwarm. Um in ihren unterirdischen Bauten weniger Wärme zu verlieren, graben sie flache Tunnel, die von der Sonne gewärmt werden. Tief unten kuscheln sich die Tiere in Gruppen zusammen, um sich gegenseitig zu wärmen. Das Arktische Erdhörnchen (*Spermophilus parryii*) senkt seine Körpertemperatur während des Winterschlafs auf knapp unter 0 °C. Dadurch braucht es weniger Energie und kann so den arktischen Winter überleben.

F Welches ist das größte Säugetier an Land?

A Es ist der Afrikanische Elefant (*Loxodonta africana*). Erwachsene Männchen werden bis zu 3,3 m lang und wiegen bis zu 7 t.

Arktisches Erdhörnchen in Alaska

F Welches Säugetier hat die größten Augen?

A Der Koboldmaki, ein kleiner Primat. Er lebt auf Borneo, Sumatra und den Philippinen und wird nur 15 cm groß. Aber seine Augen sind im Verhältnis zur Körpergröße riesig. Auf den Menschen übertragen würde das der Größe von Pampelmusen entsprechen! Auch Galagos haben große Augen im Verhältnis zur Körpergröße. Sie leben in den Wäldern südlich der Sahara.

Afrikanischer Elefant

Systematik

Säugetiere werden in 19 Gruppen eingeordnet. Jede dieser Gruppen, Ordnung genannt, wird hier mit einem Beispiel vorgestellt. Einige Ordnungen umfassen Hunderte von Arten, andere nur eine einzige. Die Systematik der Säugetiere ändert sich fortwährend, denn Forscher finden immer wieder Neuigkeiten über die Verwandtschaft der Tiere heraus.

Elefant

ELEFANTEN
Nur zwei Arten leben noch: der Asiatische (*Elephas maximus*) und der Afrikanische Elefant (*Loxodonta africana*). Das längst ausgestorbene Mammut gehörte ebenfalls in diese Ordnung. Elefantenherden werden von einem Weibchen angeführt – eine Besonderheit im Tierreich.

Känguru

Die meisten Kängurus können nicht laufen, sondern hüpfen auf den Hinterbeinen.

BEUTELTIERE
Diese Tiergruppe wurde ursprünglich als eine Ordnung aufgefasst, heute unterscheidet man sieben verschiedene Ordnungen. Vier davon leben in Australien und den benachbarten Inseln, die übrigen in Nord- und Südamerika. Die meisten Beuteltiere tragen ihre Jungen in einem Beutel, dem Marsupium.

Schnabeltier

EIER LEGENDE SÄUGETIERE
Schnabeltier und Ameisenigel sind die einzigen Säugetiere, die nicht lebend gebären, sondern Eier legen. Es gibt sie nur in Australien, Tasmanien und Neuguinea. In den letzten 2 Mio. Jahren haben die Tiere sich nicht sonderlich verändert.

Schliefer

SCHLIEFER
Sie sehen zwar aus wie Nagetiere oder Hasen, sind aber eher mit Huftieren wie den Pferden verwandt. Andererseits besitzen sie auch Gemeinsamkeiten mit Seekühen und Elefanten! Sieben Arten existieren, die meisten in Afrika, nur der Klippschliefer lebt in Südostasien.

Seehund

WASSERRAUBTIERE
Zu dieser Ordnung gehören 33 Arten, darunter Hundsrobben, Walrosse und Seelöwen. Den größten Teil ihres Lebens verbringen sie im Wasser. Mit ihren stromlinienförmigen Körpern können sie sich schnell und leicht in ihrem Lebensraum bewegen. An Land sind sie etwas unbeholfen.

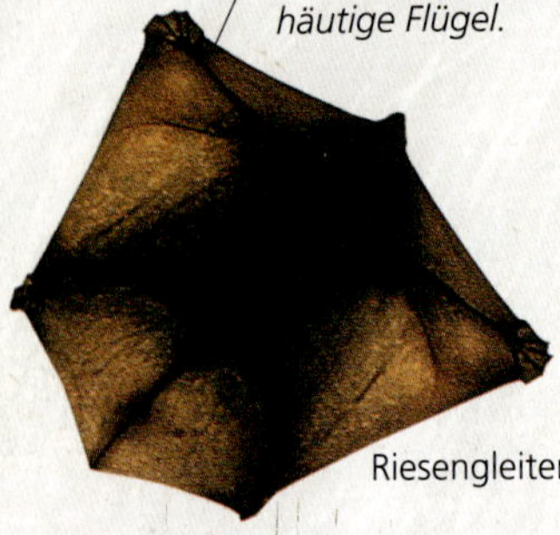

Riesengleiter besitzen große häutige Flügel.

Riesengleiter

RIESENGLEITER
Diese Gruppe umfasst nur zwei Arten, beide sind in Südostasien heimisch. Die Tiere können nicht richtig fliegen, sondern gleiten eher mit ihren häutigen Flügeln von Baum zu Baum. Riesengleiter sind Pflanzenfresser und besitzen sehr scharfe Zähne.

INSEKTENFRESSER
Diese Tiere ernähren sich überwiegend von Insekten und sind eher klein. Es gibt etwa 135 Arten, darunter Igel, Maulwürfe und Spitzmäuse. Insektenfresser haben nicht so gute Augen, dafür können sie gut hören, riechen und tasten. Es gibt sie überall auf der Welt, nur nicht in Australien.

Maulwurf

Wüstenrennmaus

NAGETIERE
Die beiden Schneidezähne der Nagetiere wachsen, solange die Tiere leben. Mit diesen Zähnen nagen die Tiere ihr Futter und arbeiten sich durch alles hindurch, was ihnen im Weg ist. Ratten, Eichhörnchen, Hamster, Mäuse und Wüstenrennmäuse sind Nagetiere.

Fuchs

LANDRAUBTIERE
Zu den Landraubtieren zählen etwa 270 landlebende Arten, darunter Katzen, Hunde, Wölfe, Füchse und Bären. Sie sind leicht an den scharfen Reißzähnen zu erkennen, mit denen sie Fleisch packen und zerreißen. Die meisten Raubtiere sind mittelgroß und verfügen über exzellente Sinne.

FLEDERTIERE

Hierzu gehören die Fledermäuse, die als einzige Säugetiere richtig fliegen können. Fledermäuse können nicht gut sehen. Sie orientieren sich stattdessen mittels Echoortung. Nachts jagen sie nach Futter. Es gibt etwa 1000 Arten.

Haut ist flügelartig zwischen den Fingern aufgespannt.

Fledermaus

Faultier

Das Faultier hängt gern kopfüber vom Ast.

ZAHNLOSE

Nur einige Tiere dieser Ordnung – die Ameisenbären – sind komplett zahnlos. Faultiere und Gürteltiere hingegen besitzen eine Reihe von Mahlzähnen. Sie leben in Nord- und Südamerika. Das gepanzerte Gürteltier wird heute manchmal auch in eine eigene Ordnung ausgegliedert.

Giraffe

Das Fellmuster variiert je nach Unterart.

Mit langem Hals und langen Beinen ist die Giraffe das größte Tier an Land.

PAARHUFER

Diese große und vielgestaltige Gruppe umfasst etwa 220 Arten. Paarhufer besitzen meist zwei, manchmal aber auch vier Zehen an den Füßen. Schweine, Giraffen und Flusspferde sind bekannte Vertreter dieser Gruppe.

Delfin

WALE

Wale und Delfine sind eng verwandt, weshalb sie zur gleichen Ordnung gehören. Viele der 78 Arten wurden bereits gut erforscht. Ihr Verhalten wirkt oft verspielt, und manche zeigen eine erstaunliche Intelligenz.

Erdferkel

ERDFERKEL

Diese Ordnung umfasst nur eine einzige Art. Das behaarte, nachtaktive Erdferkel ernährt sich von Ameisen und Termiten. Mit den langen Klauen gräbt es nach Insektennestern. Dann leckt es mit der langen Zunge die Beute auf.

Hase

HASENTIERE

Über 80 Arten gehören in diese Ordnung, darunter Kaninchen und Hasen. Sie haben eine hohe Fortpflanzungsrate, denn die meisten Weibchen werfen mehrmals pro Jahr. Wie Nagetiere besitzen sie lange Schneidezähne, die immer weiterwachsen.

Zebra

UNPAARHUFER

Diese Huftiere besitzen eine ungerade Zahl an Zehen. Wie die Paarhufer laufen auch diese Tiere eher auf den Zehen und nicht auf den Füßen. Es gibt 17 Arten, darunter Nashörner, Pferde, Zebras und Tapire. Die meisten Unpaarhufer sind Pflanzenfresser.

Seekuh

Der Schwanz der Seekühe ist zu einer Flosse umgebildet.

SEEKÜHE

Zu dieser Ordnung gehören Dugongs, Manatis und die eigentlichen Seekühe. Die Meeresbewohner wiegen bis zu 1100 kg. Sie sind vom Aussterben bedroht, denn sie werden stark bejagt.

PRIMATEN

Es existieren 180 Arten – und auch der Mensch gehört dazu. Primaten haben meist lange Gliedmaßen und bewegliche Finger und Zehen. Ihr Gehirn ist im Verhältnis zur Körpergröße das größte im Tierreich.

Schimpanse

SCHUPPENTIERE

Diese Tiere tragen große überlappende Schuppen, die den Körper schützen. Sie fressen Insekten, daher haben sie keine Zähne, aber eine lange Zunge. Werden sie bedroht, rollen sie sich zur Kugel zusammen.

Schuppentier

Neugierig geworden?

Säugetiere kannst du gleich bei dir zu Hause erforschen. Viele Menschen haben mindestens ein Haustier – das ist fast immer ein Säugetier. Und vergiss nicht: Auch der Mensch ist ein Säugetier, daher gibt es immer Primaten zu beobachten. Ein Ausflug auf einen Bauernhof zeigt dir, wie Säugetiere gehalten und gezüchtet werden. Exotische Tiere findest du im Zoo, Wildpark oder Aquarium, und Interessantes über die Evolution verrät dir das Naturkundemuseum. Vielleicht hast du auch Glück und kannst bei einem Spaziergang draußen Säugetiere beobachten.

EIN TAG IM ZOO
In den meisten größeren Städten gibt es einen Zoo, der Tiere von überall auf der Welt beherbergt. Zoos leisten einen wichtigen Beitrag zum Artenschutz, denn vom Aussterben bedrohte Arten können sich hier in einer geschützten Umgebung fortpflanzen. Die Nachkommen werden manchmal in ihrer ursprünglichen Heimat freigelassen, damit sich der Bestand wieder erholt. Im Zoo kann man Tiere beobachten, die man in der freien Wildbahn kaum zu Gesicht bekäme. Früher wurden die Tiere oft in sehr kleinen Käfigen und Gehegen gehalten, aber moderne Zoos achten darauf, ihnen mehr Raum zum Leben zu geben.

INTERNETADRESSEN

- Hier erfährst du alles vom kleinsten bis zum größten Säugetier der Erde.
  www.kindernetz.de/oli/tierlexikon/-/id=74994/1hfz0s/index.html
- Informiere dich über die Gattung der Säugetiere.
  www.tierchenwelt.de/tierarten/saeugetiere.html
- Warum die Säugetiere Säugetiere heißen.
  www.tierundnatur.de/saeuger.htm
- Die Merkmale der Säugetiere.
  www.digitalefolien.de/biologie/tiere/saeuger/merkmals.html

Hasen sind Herbivoren (Pflanzenfresser).

HAUSTIERE
Katzen, Hunde, Hasen, Meerschweinchen und viele andere Haustiere sind Säugetiere. Beobachte dein Haustier, denn dabei kannst du viel lernen. Finde heraus, wie der wissenschaftliche Artname deines Tiers lautet, zu welcher Familie es gehört und mit welchen anderen Arten es verwandt ist.

Zu ihrer eigenen Sicherheit dürfen Besucher das Fahrzeug nicht verlassen.

SAFARI DURCH DAS WILDE AFRIKA
Eine Safari ist ursprünglich eine Jagdreise in Afrika, aber heute bezeichnet man v. a. Beobachtungstrips als Safari. Überall auf der Welt gibt es Safari-Parks. Das sind riesige Reservate, in denen die Tiere frei umherlaufen können. Manchmal werden sie in verschiedenen, voneinander abgetrennten Zonen gehalten, damit sie sich nicht gegenseitig jagen. Besucher können durch die Parks fahren und Löwen, Tiger, Elefanten und viele andere wilde Tiere aus dem sicheren Fahrzeug heraus von Nahem beobachten.

LEBEN AUF DEM BAUERNHOF
Viele Bauernhöfe bieten Gästezimmer oder Aktivitäten für Tagesbesucher an. Auf einem Bauernhof leben viele Säugetiere, z. B. Schafe, Kühe, Schweine und Pferde. Das gibt dir die Gelegenheit zu beobachten, wie die Tiere ihre Jungen füttern, wie sie nach Futter suchen und wie sie sich in großen Gruppen verhalten.

Besuche doch mal …

ZOOLOGISCHER GARTEN BERLIN
Mit seinen rund 14 000 Tieren und über 1500 Arten gehört der Zoo zu den aufregendsten und artenreichsten Tierparks der Welt. Er ist der älteste Zoo Deutschlands und liegt mitten in der Hauptstadt.

TIERPARK HAGENBECK (HAMBURG)
Dieser Tierpark ist u. a. berühmt für seine Asiatischen Elefanten. Das Orang-Utan-Haus, riesige Ara-Volièren und ein gigantisches Haifischbecken sind ebenfalls absolute Höhepunkte.

ZOO FRANKFURT AM MAIN
Der Zoologe und Tierfilmer Bernhard Grzimek baute diesen Zoo nach dem Zweiten Weltkrieg wieder auf und führte eine beispielhafte moderne Tierhaltung ein. Eine spannende Attraktion ist das größte Nachttierhaus Europas.

TIERPARK HELLABRUNN (MÜNCHEN)
Im ersten Geo-Zoo der Welt leben die Tiere entsprechend ihrer Herkunft in benachbarten Gehegen. Es gibt ein großes Rahmenprogramm mit Streichelzoo, Kamelreiten usw.

Mit dem Fernglas kannst du Tiere beobachten, ohne sie zu stören.

IN DER NATUR
Gehe gemeinsam mit einem Erwachsenen in einen nahegelegenen Naturpark oder einfach in die freie Natur. Lasst euch an einem ruhigen Ort nieder und beobachtet die Tiere um euch herum. Vielleicht begegnest du Säugetieren wie Eichhörnchen, Dachsen oder Rehen.

Glossar

AASFRESSER Ein Tier, das v. a. tote Tiere frisst.

ALLESFRESSER Ein Tier, das Pflanzen, Tiere oder Aas frisst.

ART Eine Gruppe von Lebewesen, die miteinander Nachkommen zeugen können. Mit artfremden Tieren können sie sich nicht fortpflanzen.

AUSSTERBEN Wenn eine Art vollständig verschwunden ist, manchmal als natürliche Folge der Evolution, aber mehr und mehr aufgrund von Umweltverschmutzung oder Jagd.

BARTEN Hornplatten, die vom Oberkiefer großer Wale herabhängen. Damit filtern die Tiere kleine Krebse (Krill) aus dem Wasser.

BEDROHTE ART Ein Tier oder eine Pflanze, deren Bestand so zurückgegangen ist, dass sie vom Aussterben bedroht sind.

BEUTELTIER Eine Gruppe von Säugetieren, bei denen die Jungen in einem Beutel aufwachsen (z. B. Känguru, Wallaby).

DECKHAAR Hauptteil des Fells bei Säugetieren. Schützt als äußere Lage den Körper vor Nässe, Kälte und Hitze.

DNS Abkürzung für Desoxyribonukleinsäure. Enthält die gesamte Information, die für die Entwicklung und das Leben eines Organismus notwendig ist. Die DNS wird von einer Generation zur nächsten weitervererbt.

ECHOORTUNG Eine Methode, um mit sehr hohen Tönen Objekte wahrzunehmen. Delfine, Fledermäuse und einige Wale können sich so im Dunkeln bzw. unter Wasser orientieren.

Vom Aussterben bedroht: Großer Panda

EIERSTOCK Weibliches Organ, das die Eizellen produziert.

EMBRYO Frühes Entwicklungsstadium von Tier oder Pflanze.

EVOLUTION Sehr langsamer Prozess, in dem Lebewesen sich verändern oder neue entstehen.

FELLWECHSEL Fähigkeit vieler Säugetiere, jahreszeitlich Farbe und Dicke ihres Fells zu wechseln.

FETUS Ungeborenes Säugetier nach dem Embryonalstadium.

FORTPFLANZUNG Produktion von Nachkommen.

FOSSIL Versteinerte Überreste eines Lebewesens.

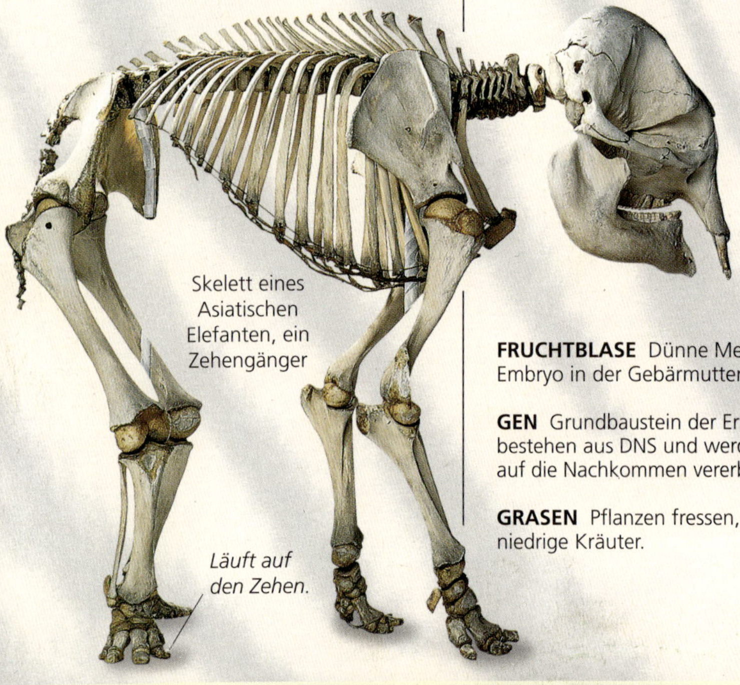

Skelett eines Asiatischen Elefanten, ein Zehengänger

Läuft auf den Zehen.

FRUCHTBLASE Dünne Membran, die den Embryo in der Gebärmutter umgibt.

GEN Grundbaustein der Erbinformation. Gene bestehen aus DNS und werden von den Eltern auf die Nachkommen vererbt.

GRASEN Pflanzen fressen, v. a. Gras und niedrige Kräuter.

HABITAT Lebensraum, den eine Art zum Leben braucht.

HERBIVOR Ein Tier, das sich von Pflanzen ernährt.

HUFTIERE Tiere mit Hufen.

INSEKTENFRESSER Ein Tier, das sich v. a. von Insekten ernährt.

INSTINKT Angeborenes Verhaltensmuster, das nicht erlernt werden muss.

KARNIVOR Ein Tier, das sich von Fleisch ernährt.

KLOAKENTIERE Eier legende Säugetiere wie Schnabeltier und Ameisenigel.

Die Tragzeit des Breitmaulnashorns dauert 16 Monate.

KNORPEL Flexible Körpersubstanz. Bildet bei manchen Tieren das komplette Skelett, bei anderen nur Teile (Gelenke, Ohren usw.).

KOLONIE Eng verwandte Tiere, die in einer Gruppe zusammenleben.

KRILL Kleine Krebse, die als Plankton im Meer schwimmen.

LEBENSZYKLUS Veränderungen, die ein Lebewesen während seines Lebens durchmacht.

MUSKEL Gewebe im Körper, das sich zusammenziehen kann und damit Bewegung auslöst.

NACHTAKTIV Nachtaktive Tiere suchen nachts nach Futter und schlafen tagsüber.

NAGETIER Säugetier mit scharfen Schneidezähnen. Ratten, Mäuse und Eichhörnchen gehören dazu.

Rotnackenwallaby, ein Beuteltier

NAHRUNGSKETTE Beziehung verschiedener Arten auf Basis der Nahrung. An Land beginnen die meisten Nahrungsketten mit den Pflanzen. Sie werden von Tieren gefressen, die wiederum Fleischfressern als Beute dienen.

NERVEN Spezielle Zellen, die Informationen, z. B. Schmerz, blitzschnell durch den Körper leiten.

NERVENSYSTEM Gesamtheit aller Nerven, inklusive dem Gehirn.

ÖKOLOGIE Wissenschaft von den Beziehungen zwischen Lebewesen und ihrer Umwelt.

OMNIVOR Ein Allesfresser, der sowohl tierisches als auch pflanzliches Material frisst.

PAARHUFER Huftier mit gerader Anzahl Zehen an den Füßen, meist zwei, manchmal vier. Rehe, Kamele und Schafe gehören dazu.

PAARUNG Sexuelle Fortpflanzung durch ein männliches und ein weibliches Tier.

PHEROMONE Duftstoffe, die von einem Lebewesen abgegeben werden und einen bestimmten Effekt auf andere Lebewesen haben. Pheromone wehren z. B. Feinde ab, locken Geschlechtspartner an oder markieren ein Revier.

PRIMAT Ein Säugetier mit beweglichen Fingern und Zehen. Der Mensch gehört zu den Primaten.

RAUBTIER Ein Tier, das andere Tiere jagt und sich von ihnen ernährt.

REVIER Gebiet, das eine Tiergruppe für sich beansprucht.

SÄUGETIER Warmblütiges Tier, das seine Jungen mit Milch ernährt.

SKELETT Knochengerüst des Körpers. Die einzelnen Knochen sind meist durch Gelenke miteinander verbunden.

SOHLENGÄNGER Tier, das beim Laufen die gesamte Fußsohle aufsetzt.

SYMBIOSE Zwei Lebewesen, die eng zusammenleben und voneinander profitieren.

SYSTEMATIK Einteilung aller Lebewesen; zeigt die Verwandtschaftsverhältnisse auf.

TARNUNG Merkmale wie Farben oder Muster, durch die ein Tier der Aufmerksamkeit seiner Feinde entgeht, meist indem es optisch mit der Umgebung verschmilzt.

TRAGZEIT Zeit von der Befruchtung bis zur Geburt.

VEGETATION Gesamtheit der Pflanzen in einem Habitat.

VERDAUUNG Umwandlung des Futters in kleine Partikel und schließlich in die einzelnen Nährstoffe. Findet bei den meisten Tieren im Darm statt.

WANDERUNG Regelmäßige Reise, die ein Tier (z. B. Wale) meist im jahreszeitlichen Rhythmus zurücklegt.

Ameisenigel, ein Eier legendes Säugetier

WARMBLÜTER Ein Tier, das seine Körpertemperatur selbst warm halten kann, auch wenn es kalt ist. Die Energie dafür stammt aus der Nahrung. Säugetiere sind Warmblüter.

WINTERSCHLAF Schlafähnlicher Zustand, in dem viele kleine Tiere überwintern. Stoffwechsel und Herzschlag verlangsamen sich, die Körpertemperatur sinkt.

WIRBELTIER Ein Tier mit einer Wirbelsäule. Es gibt fünf Hauptgruppen: Fische, Amphibien, Reptilien, Vögel und Säugetiere.

WURF Viele Säugetiere bringen mehrere Jungen gleichzeitig zur Welt, die Gesamtheit nennt man Wurf.

ZEHENGÄNGER Ein Tier, das auf den Zehen, nicht auf der Fußfläche läuft.

ZELLE Mikroskopisch kleine Einheit im Körper, mehrere Zellen bilden ein Gewebe.

Der Gorilla ist der größte Primat.

Register

Dank und Bildnachweis

Dorling Kindersley dankt Jane Burton und Kim Taylor für ihre Ideen, ihre harte Arbeit und ihren Enthusiasmus. Dave King und Jonathan Buckley für die zusätzlichen Aufnahmen lebender Tiere. Daphne Hills, Alan Gentry und Kim Bryan vom Natural History Museum für die Leihgaben und für die Überprüfung des Texts sowie Colin Keates für die Fotoaufnahmen von den Sammlungen. Hudson's Bay, London, für die Pelz-Leihgabe. Will Long und Richard Davies von Oxford Scientific Films für Fotoaufnahmen vom Querschnitt eines Maulwurfshügels. Jo Spector und Jack.

Intellectual Animals, Molly Badham sowie Nick und Diane Mawby für das Ausleihen von Tieren. Elizabeth Eyres, Victoria Sorzano, Anna Walsh, Angela Murphy, Meryl Silbert und Bruce Coleman Ltd. Radius Graphics für die Illustrationen. David Burnie für die Beratung.

Der Verlag dankt den folgenden Personen und Institutionen für die freundliche Genehmigung zum Abdruck von Fotos:

(Abkürzungen: o = oben, go = ganz oben, u = unten, m = Mitte, l = links, r = rechts, gr = ganz rechts, Hg = Hintergrund)

Archiv für Kunst und Geschichte, Berlin: 12u, 15u. Pete Atkinson/Seaphot: 59u. Jen und Des Bartlett/Bruce Coleman Ltd: 29u. G.I. Bernard: 37ul, 60m. Liz und Tony Bomford/Survival Anglia: 33go. Danny Bryantowich: 23ul. Jane Burton: 27m. Jane Burton/Bruce Coleman Ltd: 17u, 18u, 21mr, 27go, 34u, 36u, 46go, 53m. John Cancalosi/Bruce Coleman Ltd: 27m Sarah Cook/Bruce Coleman Ltd: 64u. Peter Davey/Bruce Coleman Ltd: 49um. Wendy Dennis/FLPA – Images of nature: 67u. Jeff Foott/Bruce Coleman Ltd: 39go. Frank Greenaway: 63m. David T. Grewcock/Frank Lane Picture Agency: 53gom. D. Gulin/Dembinsky/FLPA – Images of nature: 65gor. David Hosking/FLPA – Images of nature: 64ml, 67m. Johnny Johnson/Bruce Coleman Ltd: 65ur. Zig Leszczynski/Oxford Scientific Films: 48m. Will Long and Richard Davies/Oxford Scientific Films Ltd: 57. Mansell Collection: 19go. Mary Evans Pic. Library: 8gol, 16um, 20m, 26m, 28m, 29m, 31m, 37ul, 46u, 49ur, 58m. Richard Matthews/Seaphot: 27go. Military Archive & Research Services Lines: 22u. Minden Pictures/FLPA – Images of nature: 64gor, 65ul, 71ur. Stan Osolinski/Oxford Scientific Films Ltd: 44go. Richard Packwood/Oxford Scientific Films Ltd: 16ur. J.E. Palins/Oxford Scientific Films Ltd: 16ul. Dieter und Mary Plage/Bruce Coleman Ltd: 61r. Dr. Ivan Polunin/NHPA: 66ul. Masood Qureshi/Bruce Coleman Ltd: 45u. Hans Reinhard: 26m. Jonathan Scott/Planet Earth: 53mgo. Sunset/FLPA – Images of nature: 70go. Kim Taylor/Bruce Coleman Ltd: 32u. University Museum of Oxford: 70ul. Martin Withers/FLPA – Images of nature: 66m, 69go.

Illustrationen von John Woodcock: 8, 9, 10, 11, 13, 14, 19, 20, 27, 58, 59.

Poster: Alamy Images: franzfoto.com ur/ (Fuchs); Dorling Kindersley: Booth Museum of Natural History, Brighton mr, Hunstanton Sea Life Centre, Hunstanton, Norfolk, ml, Natural History Museum, London mro/ (Stacheln), Natural History Museum, London gom, mro, mogr, mugr, mru, mu/ (Rattenschädel), mlu, ugl, ul, um, Royal Veterinary College, University of London mu.

Cover: *Vorn:* Corbis: James Hager / Robert Harding World Imagery mro, Ariel Skelley mlo; Dorling Kindersley: Jerry Young mo; Getty Images: Adam Jones u; *Hinten:* Dorling Kindersley: Natural History Museum, London gor, mlo, mro.

Weitere Informationen unter www.dkimages.com

Weitere Themen in dieser Reihe:
(Bandnummer in Klammern)

Das alte Ägypten (8)
Das alte Griechenland (21)
Das alte Rom (38)
Autos (25)
Azteken, Inka & Maya (28)
Bedrohte Tiere (5)
Burgen (24)
Christentum (34)
Demokratie (30)
Dinosaurier (1)
Eisenbahnen (19)
Die ersten Menschen (26)
Evolution (50)
Fische (13)
Flugmaschinen (41)
Fossilien (47)
Gesteine & Mineralien (17)
Große Entdecker (12)
Große Musiker (42)
Große Wissenschaftler (33)
Haie (10)
Hunde (39)
Indianer (18)
Insekten (35)
Katzen (23)
Klimawandel (11)
Kriminalistik (44)
Der Mensch (2)
Musikinstrumente (14)
Mythologie (31)
Naturwissenschaften (7)
Ozeane (32)
Pferde (43)
Pflanzen (48)
Piraten (36)
Regenwald (20)
Ritter (16)
Säugetiere (45)
Schätze (6)
Spione (9)
Städte (3)
Teiche & Flüsse (27)
Titanic (22)
Vögel (29)
Vulkane (37)
Wasser (40)
Weltall (15)
Wetter (46)
Wikinger (49)
Wirtschaft (4)